粮食产业·农民培训精品教材

农作物

病虫害专业化统防统治

轻松识别病虫
图文并茂
既学到知识
又掌握技术
致富好帮手

彩色图谱

王永立　刘红菊　蔡晨蕾 ■ 主编

U0324532

中国农业科学技术出版社

图书在版编目（CIP）数据

农作物病虫害专业化统防统治彩色图谱／王永立，刘红菊，蔡晨蕾主编.—北京：中国农业科学技术出版社，2018.6

ISBN 978-7-5116-3677-5

Ⅰ.①农… Ⅱ.①王…②刘…③蔡… Ⅲ.①作物-病虫害防治-图谱 Ⅳ.①S435-64

中国版本图书馆 CIP 数据核字（2018）第 094851 号

责任编辑　崔改泵
责任校对　马广洋

出 版 者　中国农业科学技术出版社
　　　　　北京市中关村南大街 12 号　邮编：100081
电　　话　(010)82109194(编辑室)　(010)82109702(发行部)
　　　　　(010)82109709(读者服务部)
传　　真　(010)82106650
网　　址　http://www.castp.cn
经 销 者　各地新华书店
印 刷 者　北京富泰印刷有限责任公司
开　　本　880 mm×1 230 mm　1/32
印　　张　5.25
字　　数　137 千字
版　　次　2018 年 6 月第 1 版　2018 年 6 月第 1 次印刷
定　　价　59.80 元

《农作物病虫害专业化统防统治彩色图谱》
编 委 会

前　言

　　农作物病虫害是我国的主要农业灾害之一，它具有种类多、影响大、并时常暴发成灾的特点，其发生范围和严重程度对我国国民经济、特别是农业生产常造成重大损失。农业病虫害防治需要专业的技术人才，在当前我国农业要求科学化管理的指导思想下，专业技术人才的需求量也在不断地增加。要保证技术人员基础知识牢固，专业技能过硬，沟通能力强，政府就要加大对技术人员定期的专业培训和技术指导，从而不断更新技术人员的知识储备，从而更好地服务于农民，有利于农作物病虫害防治工作的开展。

　　本书系统阐述了农作物病虫害综合防治技术和方法，并以主要农作物的病害虫防治技术为例，对具体作物多发病虫害进行了具体研究与分析，与此同时，针对当前农业病虫害防治存在的具体问题对农作物病虫害绿色防控新技术进行了探究。

　　本教材如有疏漏之处，敬请广大读者批评指正。

编　者

目　　录

第一章 基本技能和素质

第一节 知识与技能要求

农作物病虫害专业防治，是一项从事预防和控制病、虫、草、鼠和其他有害生物在农作物生长过程中的危害，保证农作物正常生长、农业生产安全的职业，在工作中应遵循与其相适应的行为规范，它要求农作物病虫害防治员忠于职守、爱岗敬业，具有强烈的责任感和社会服务意识。

农作物病虫害专业防治员应具备以下基本知识和技能：

（1）了解农作物病虫草害和植物疫情对农业生产的影响。

（2）了解当地原有农作物病虫草害主要防治方式——"分散防治"存在的问题。

（3）了解专业化统防统治的概念、内涵和好处。

（4）掌握当地主要农作物病虫草害发生为害的特点。

（5）了解国内外植保机械的种类。

（6）了解植保机械在化学防治中的作用。

（7）掌握当地常用植保机械的性能及其使用技术。

（8）掌握使用不同植保机械时农药的配制比例。

（9）掌握常见植保机械的正确施药方法。

（10）会识别当地主要农作物病虫草害、植物疫情和有益生物，能独立调查病虫发生情况，做出准确防治。

（11）了解综合防治知识（农业防治、物理防治、生物防治、化学防治等）。

（12）掌握流量、喷幅、施药液量与作业速度的关系。

（13）会在病虫草害防治过程中更换适宜的喷头。

（14）了解常用农药的使用安全间隔期。

（15）了解农药及其包装物对环境、人类生产生活及农产品质量安全的影响。

（16）熟练掌握植保机械的维护与保养。

（17）掌握农药的基本知识及其在病虫草害防控中的重要作用。

（18）会直观识别农药的真伪。

（19）会根据当地主要农作物病虫草害选择合适的农药品种。

（20）掌握防治农作物药害的基本方法。

（21）了解不同施药方法，掌握影响施药质量的因素及提高农药利用率的技术。

（22）掌握安全用药及防护知识，预防中毒、中暑及其急救方法。

（23）针对每种病虫草害掌握 2~3 种防治的农药品种。

（24）了解预防病虫草害抗药性的基本原理。

（25）病虫专业防治员职业道德、守法要求、权益保护、经营管理等。

（26）掌握诱虫灯、诱虫板等诱捕器的使用方法，了解天敌知识与释放方法。

第二节　基本素质

一、爱岗敬业

爱岗敬业就是热爱农作物病虫害防治工作，具有吃苦耐劳的精神，能够经得起不怕脏、不怕累的考验，充分认识到自己所从事职业的社会价值，尽心尽力地做好农作物病虫害防治工作。

二、认真负责

认真负责是指农作物病虫害防治员在从事对农作物病、虫、草、鼠害等测报、防治等工作时要认真负责，一丝不苟；对调查研究中获得的各种数据和与本职业有关的专业知识、技术成果、实际操作等的资料要实事求是，不弄虚作假。

三、勤奋好学

勤奋好学是指深入研究农作物病虫害防治专业技术知识和实际操作技能。一方面，农作物病、虫、草、鼠害的种类多，分布广，适应性强，诊断、测报及防治工作均较复杂；另一方面，农作物病虫害防治科学发展迅速，新的科学技术不断运用到生产实践之中。因此，农作物病虫害专业防治员不仅要具备较高的科学文化水平和丰富的生产实践经验，而且要不断地学习来充实自己，刻苦钻研新技术，提高业务能力，才能做好本职工作，在农业生产中发挥更大的作用。

四、规范操作

规范操作就是要求农作物病虫害专业防治员在操作过程中要严格操作规程，注意人、畜、作物及天敌的安全，做到经济、安全、有效，把病虫等有害生物控制在一定的经济允许水平下，从而提高农作物的产量和质量。

五、依法维权

依法维权即消费者合法权益受到侵害时，采取向主管部门投诉或向法院起诉，通过调解或判决的方式获得赔偿的行为。同样，农民在购买、使用农药过程中，权益受到损害时，农作物病虫害专业防治员要具有从步骤和技术上帮助他们依法维权的能力。

首先，告诉农民朋友在购买农药时，要向经营户索要发票和信誉卡并保存好，并在经营户记录台账上和信誉卡上记录购买产品、数量、批次等详细情况。其次，在使用农药时按标签说明使用，同时要留 100 毫升以上的农药保存起来。如果出现药害等问题，可以凭证据到购买农药的经营户处交涉，争取赔偿；如果存在分歧，可以列出证据，到当地农业行政部门投诉；损失严重者也可向法院起诉。

第三节　法律常识

农作物病虫害防治工作的环境和条件与农业技术推广、农产品质量安全息息相关，同时在预防和控制病、虫、草、鼠及其他有害生物对农作物危害的过程中，要深入病菌、病毒、毒气等有危险的环境，并接触有毒的物体。所以，国家特别重视农作物病虫害防治工作对人、畜的危害及带来的环境保护、安全生产等问题，制定了相应的法律法规来规范其活动。农作物病虫害专业防治员要熟悉的主要法律法规有《中华人民共和国农业技术推广法》（以下简称《农业技术推广法》）、《中华人民共和国农产品质量安全法》　（以下简称《农产品质量安全法》）、《农药管理条例》、《植物检疫条例》等。

一、《农业技术推广法》

《农业技术推广法》于 1993 年 7 月 2 日第八届全国人民代表大会常务委员会第二次会议通过，2012 年 8 月 31 日第十一届全国人民代表大会常务委员会第二十八次会议修正，2013 年 1 月 1 日起施行，共 6 章 39 条。

农业技术是指应用于种植业、林业、畜牧业、渔业的科研成果和实用技术，包括良种繁育、栽培、肥料施用和养殖技术；植物病虫害、动物疫病和其他有害生物防治技术；农产品收获、加工、包装、贮藏、运输技术；农业投入品安全使用、农产品质量安全技术；农田水利、农村供排水、土壤改良与水土保持技术；农业机械化、农用航空、农业气象和农业信息技术；农业防灾减灾、农业资源与农业生态安全和农村能源开发利用技术；其他农业技术。

农业技术推广，是指通过试验、示范、培训、指导以及咨询服务等，把农业技术普及应用于农业产前、产中、产后全过程的活动。农业技术推广应当遵循的原则：有利于农业、农村经济可持续发展和增加农民收入；尊重农业劳动者和农业生产经营组织的意愿；因地制宜，经过试验、示范；公益性推广与经营性推广分类管理；兼顾经济效益、社会效益，注重生态效益。

农业技术推广，实行国家农业技术推广机构与农业科研单位、有关学校、农民专业合作社、涉农企业、群众性科技组织、农民技术人员等相结合的推广体系。国家农业技术推广机构的专业技术人员应当具有相应的专业技术水平，符合岗位职责要求。国家农业技术推广机构聘用的新进专业技术人员，应当具有大专以上有关专业学历，并通过县级以上人民政府有关部门组织的专业技术水平考核。自治县、民族乡和国家确定的连片特困地区，经省、自治区、直辖市人民政府有关部门批准，可以聘用具有中专有关专业学历的人员或者其他具有相应专业技术水平的人员。

国家逐步提高对农业技术推广的投入。各级人民政府在财政预算内应当保障用于农业技术推广的资金，并按规定使该资金逐年增长。各级人民政府应当采取措施，保障和改善县、乡镇国家农业技术推广机构的专业技术人员的工作条件、生活条件和待遇，并按照国家规定给予补贴，保持国家农业技术推广队伍的稳定。对在县、乡镇、村从事农业技术推广工作的专业技术人员的职称评定，应当以考核其推广工作的业务技术水平和实绩为主。各级人民政府有关部门及其工作人员未依照规定履行职责的，对直接负责的主管人员和其他直接责任人员依法给予处分。违反规定，截留或者挪用用于农业技术推广的资金的，对直接负责的主管人员和其他直接责任人员依法给予处分；构成犯罪的，依法追究刑事责任。

二、《农产品质量安全法》

《农产品质量安全法》于2006年4月29日第十届全国人民代表大会常务委员会第二十一次会议通过，2006年11月1日起施行，共8章56条。《农产品质量安全法》是为保障农产品质量安全，维护公众健康，促进农业和农村经济发展而制定。

农产品是指来源于农业的初级产品，即在农业活动中获得的植物、动物、微生物及其产品。农产品质量安全，是指农产品质量符合保障人的健康、安全的要求。国家建立健全农产品质量安全标准体系。农产品质量安全标准是强制性的技术规范。

县级以上地方人民政府农业行政主管部门按照保障农产品质量安全的要求，根据农产品品种特性和生产区域大气、土壤、水体中有毒有害物质状况等因素，认为不适宜特定农产品生产的，提出禁止生产的区域，报本级人民政府批准后公布。

禁止在有毒有害物质超过规定标准的区域生产、捕捞、采集食用农产品和建立农产品生产基地。禁止违反法律、法规的规定向农产品产地排放或者倾倒废水、废气、固体废物或者其他有毒有害物质。农业生产用水和用作肥料的固体废物，应当符合国家规定的标准。农产品生产者应当合理使用化肥、农药、兽药、农用薄膜等化工产品，防止对农产品产地造成污染。

对可能影响农产品质量安全的农药、兽药、饲料和饲料添加剂、肥料、兽医器械，依照有关法律、行政法规的规定实行许可制度。国务院农业行政主管部门和省、自治区、直辖市人民政府农业行政主管部门应当定期对可能危及农产品质量安全的农药、兽药、饲料和饲料添加剂、肥料等农业投入品进行监督抽查，并公布抽查结果。

农产品生产企业和农民专业合作经济组织应当建立农产品生产记录，如实记载下列事项：①使用农业投入品的名称、来源、用法、用量和使用、停用的日期。②动物疫病、植物病虫草害的发生和防治情况。③收获、屠宰或者捕捞的日期。农产品生产记录应当保存 2 年。禁止伪造农产品生产记录。国家鼓励其他农产品生产者建立农产品生产记录。

农产品生产企业、农民专业合作经济组织以及从事农产品收购的单位或者个人销售的农产品，按照规定应当包装或者附加标识的，须经包装或者附加标识后方可销售。包装物或者标识上应当按照规定标明产品的品名、产地、生产者、生产日期、保质期、产品质量等级等内容；使用添加剂的，还应当按照规定标明添加剂的名称。

销售的农产品必须符合农产品质量安全标准，生产者可以申请使用无公害农产品标识。农产品质量符合国家规定的有关优质农产品标准的，生产者可以申请使用相应的农产品质量标识（图 1-1）。禁止冒用农产品质量标识。

有下列情形之一的农产品，不得销售：①含有国家禁止使用的农药、兽药或者其他化学物质的。②农药、兽药等化学物质残留或者含有的重金属等有毒有害物质不符合农产品质量安全标准的。③含有的致病性寄生虫、微生物或者生物毒素不符合农产品质量安全标准的。④使用的保鲜剂、防腐剂、添加剂等材料不符合国家有关强制性的技术规范的。⑤其他不符合农产品质量安全标准的。

农产品质量安全检测机构伪造检测结果的，责令改正，没收违法所得，并处 5 万元以上 10 万元以下罚款，对直接负责的

图 1-1 农产品质量标识

主管人员和其他直接责任人员处 1 万元以上 5 万元以下罚款；情节严重的，撤销其检测资格；造成损害的，依法承担赔偿责任。农产品质量安全检测机构出具检测结果不实，造成损害的，依法承担赔偿责任；造成重大损害的，并撤销其检测资格。

《农产品质量安全法》规定，国家引导、推广农产品标准化生产，鼓励和支持生产优质农产品，禁止生产、销售不符合国家规定的农产品质量安全标准的农产品；支持农产品质量安全科学技术研究，推行科学的质量安全管理方法，推广先进安全的生产技术；国家建立健全强制性的农产品质量安全标准体系；对农产品产地作出明确要求；对农产品生产的管理职能作出明确分工；对农产品生产、销售制定了严格的监督检查制度和法律责任。

三、《农药管理条例》

国务院总理李克强签署第 677 号国务院令，公布修订后的

《农药管理条例》（以下简称《条例》），自 2017 年 6 月 1 日起施行。

《农药管理条例》所称农药，是指用于预防、消灭或者控制危害农业、林业的病、虫、草和其他有害生物以及有目的地调节植物、昆虫生长的化学合成或者来源于生物、其他天然物质的一种物质或者几种物质的混合物及其制剂。

《条例》规定，国家鼓励生产和使用安全、高效、经济的农药，推进农药专业化使用，促进农药产业升级。农药生产企业、农药经营者应当对其生产、经营的农药的安全性、有效性负责，自觉接受政府监管和社会监督。《条例》明确，在我国生产和向我国出口的农药需申请登记，经登记试验、登记评审，符合条件的，由国务院农业主管部门核发农药登记证并公告。

《条例》规定，实行农药生产许可制度，要求生产企业建立进销货查验及台账制度，农药出厂须经质量检验合格，用于食用农产品的农药，其标签要标注安全间隔期。

《条例》规定，实行农药经营许可制度，经营农药须具备条例规定的条件，禁止经营者加工、分装农药，经营剧毒高毒农药的还需配备专业技术人员。

《条例》完善了农药使用管理制度，要求农业主管部门加强农药使用指导、服务工作，并加强对农民科学合理用药的培训；鼓励和扶持专业化病虫害防治，制定并组织实施农药减量计划，逐步减少农药使用量；要求使用者不得超范围、超剂量用药，禁止将剧毒高毒农药用于食用农产品。

《条例》加大了对农药违法行为的处罚力度，规定对无证生产经营、制假售假等违法行为提高罚款额度，除没收违法所得、吊销相关许可证外，增设列入"黑名单"等信用惩戒措施。

四、《植物检疫条例》

《植物检疫条例》于 1983 年 1 月 3 日国务院发布，1992 年

5月13日修订发布，共有24条。《植物检疫条例》是为防止为害植物的危险性病、虫、杂草传播蔓延，保护农业、林业生产安全而制定，明确了植物检疫实施单位的各级农业、林业部门的职责，规定执行植物检疫任务，应穿着检疫制服和佩戴检疫标志。对植物检疫对象、疫区、保护区作了详细的定义；对检疫工作开展作了区域性、程序性的规定；对植物检疫工作落实不完善，造成损失或严重后果的，作了处罚或处理的规定。

2017年10月23日根据《国务院关于修改<植物检疫条例>的决定》修订发布，自发布之日起实行。

其中对《植物检疫条例》第十三条作出如下修改。

第十三条原规定：农林院校和试验研究单位对植物检疫对象的研究，不得在检疫对象的非疫区进行。因教学、科研确需在非疫区进行时，属于国务院农业主管部门、林业主管部门规定的植物检疫对象须经国务院农业主管部门、林业主管部门批准，属于省、自治区、直辖市规定的植物检疫对象须经省、自治区、直辖市农业主管部门、林业主管部门批准，并应采取严密措施防止扩散。

第十三条新规定：农林院校和试验研究单位对植物检疫对象的研究，不得在检疫对象的非疫区进行。因教学、科研确需在非疫区进行时，应当遵守国务院农业主管部门、林业主管部门的规定。

国务院农业主管部门、林业主管部门主管全国的植物检疫工作，各省、自治区、直辖市农业主管部门、林业主管部门主管本地区的植物检疫工作。县级以上地方各级农业主管部门、林业主管部门所属的植物检疫机构，负责执行国家的植物检疫任务。植物检疫人员进入车站、机场、港口、仓库以及其他有关场所执行植物检疫任务，应穿着检疫制服和佩戴检疫标志。

凡局部地区发生的危险性大、能随植物及其产品传播的病、虫、杂草，应定为植物检疫对象。局部地区发生植物检疫对象的，应划为疫区，采取封锁、消灭措施，防止植物检疫对象传出；发生地区已比较普遍的，则应将未发生地区划为保护区，防止植物检疫对象传入。

调运植物和植物产品，属于下列情况的，必须经过检疫：①列入应施检疫的植物、植物产品名单的，运出发生疫情的县级行政区域之前，必须经过检疫。②凡种子、苗木和其他繁殖材料，不论是否列入应施检疫的植物、植物产品名单和运往何地，在调运之前，都必须经过检疫。

种子、苗木和其他繁殖材料的繁育单位，必须有计划地建立无植物检疫对象的种苗繁育基地、母树林基地。试验、推广的种子、苗木和其他繁殖材料，不得带有植物检疫对象。植物检疫机构应实施产地检疫。从国外引进种子、苗木，引进单位应当向所在地的省、自治区、直辖市植物检疫机构提出申请，办理检疫审批手续。从国外引进、可能潜伏有危险性病或虫的种子、苗木和其他繁殖材料，必须隔离试种，植物检疫机构应进行调查、观察和检疫，证明确实不带危险性病、虫的，方可分散种植。

植物检疫的方法按检验场所和方法可分为：入境口岸检验、原产地田间检验、入境后的隔离种植检验等。实施植物检疫根据有害生物的分布地域性、扩大分布为害地区的可能性、传播的主要途径、对寄主植物的选择性和对环境的适应性，以及原产地自然天敌的控制作用和能否随同传播等情况制定。其内容一般包括检疫对象、检疫程序、技术操作规程、检疫检验和处理的具体措施等，具有法律约束力。通过检疫检验发现有害生物后，一般采取以下处理措施：禁止入境或限制进口；消毒除害处理；改变输入植物材料的用途；铲除受害植物，消灭初发疫源地。

第四节　安全知识

一、自身安全

　　农作物病虫害专业防治员在从事职业工作过程中，经常在带有病菌、病毒的环境中工作，有时还会在试验、施药的过程中接触农药。所以，自身安全就是必须面对和注意的问题，作为一名职业工作者，要有基本的个人防护知识和意识。

二、质量安全

　　质量安全是指农产品质量符合保障人的健康、安全的要求。国家制定了农产品质量安全标准等级，分别为"无公害农产品""绿色食品""有机食品"三种。"无公害农产品"是指源于良好生态环境，按照专门的生产技术规程生产或加工，无有害物质残留或残留控制在一定范围之内，符合标准规定的卫生质量指标的农产品。"绿色食品"是遵循可持续发展原则，按照特定生产方式生产，经过专门机构认定，许可使用"绿色食品"标志的，无污染的，安全、优质、营养类食品，级别比"无公害农产品"更高。"有机食品"指来自于有机农业生产体系，根据国际有机农业生产要求和相应标准生产、加工，并经具有资质的独立认证机构认证的一切农产品。"有机食品"不使用任何人工合成的化肥、农药和添加剂，因此对生产环境和品质控制的要求非常严格。《农产品质量安全法》规定国家建立农产品质量安全监测制度，保障农产品质量安全。

三、产量安全

　　产量安全即通过科学的管理和种植，收获的产量能够保证人类生存处在安全状态以上。随着人口数量增加，人均耕地面积越来越少，人类生活水平逐步提高，粮食产量安全保障的难度越来越大。最现实的解决方案就是从技术上提高粮食的产量和质量。而在长期耕作过程中，土壤肥力逐渐饱和，水资源供应日益紧张，农作物的耕作管理就成了保证粮食产量安全重要的技术工作，其中最直接的工作内容就包括农作物病虫害防治。

四、环境安全

环境安全即与人类生存、发展活动相关的生态环境及自然资源处于良好的状况或未遭受不可恢复的破坏。环境安全包括两个方面的内容，一方面是生产、生活、技术层面的环境安全；另一方面是社会、政治、国际层面的环境安全。农作物病虫害防治员在工作中要注意环境污染对农业生产的影响，首先要遵从预防为主、综合防治的植保方针，在保护生态平衡的情况下进行农作物病虫害防治。作为农作物病虫害专业防治员，在工作中要了解农药基本知识和毒性等级，针对农作物受到的不同病、虫、草、鼠害，选择合适的农药，在适宜阶段防治，尽量减少农药对农作物、农业、农村环境和生态的污染是十分必要的。

第二章　植保专业化统防统治

农作物病虫害专业化防治，是指具备一定植保专业技术条件的服务组织，采用先进、实用的设备和技术，为农民提供契约性的防治服务，开展社会化、规模化的农作物病虫害防控行动。

第一节　开展农作物病虫害专业化防治的意义

一、促进现代农业发展的客观需要

随着我国农业、农村经济的迅速发展，农业集约化水平和组织化程度的不断提高，土地承包经营权的有序流转，规模化种植、集约化经营，已成为农业、农村经济发展的方向，迫切需要建立健全新型社会化服务体系。病虫害专业化防治较好地解决了因农村劳动力大量转移，农业生产者老龄化和女性化的突出问题，防治病虫害日趋困难等方面的难题，是新型社会化服务体系的重要组成部分，有效地促进了规模化经营，促进了现代农业的发展。

二、确保农业生产安全的客观需要

农作物病虫发生具有"漏治一点，为害一片"的特点。实践证明，集中统一防治的效果明显高于分散防治。近年来，水稻"两迁"害虫、小麦条锈病、蝗虫、草地螟等重大病虫的发生范围扩大、为害程度加重，严重威胁着我国农业生产安全，仅仅依靠手动喷雾器单户分散防治，已不能控制病虫为害。只有发展专业化防治，推行区域统一、快速、高效、准确地联防联治和防治，才能提高防控效果、效率和效益，最大限度地减少病虫为害损失，保障农业生产安全。

三、确保农产品质量安全的客观需要

由于我国目前农业生产仍以分散经营为主，大多数农民缺乏病虫防治的相关知识，不懂农药使用技术，施药观念落后，仍习惯大容量、针对性的喷雾方法，农药利用率低，农药飘移和流失严重，盲目、过量用药现象较为普遍。这不仅加重农田生态环境的污染，而且常导致农产品农药残留超标等事件发生。推进专业化防治，可以实现安全、科学、合理使用农药，提高农药利用率、减少农药使用量，是从生产环节上入手，降低农药残留污染，保障生态环境安全和农产品质量安全的重要措施。同时，通过组织专业化防治，普遍使用大包装农药，减少了包装废弃物对环境的污染。

四、落实植保理念的客观需要

根据现代农业发展对植保工作的需要，针对当前农业生物灾害发生的严峻形势，农业部研究提出了近期植保工作的发展思路：就是以科学发展观为指导，坚持"预防为主、综合防治"的植保方针，牢固树立"公共植保和绿色植保"的理念，完善"政府主导、属地责任、联防联控"三大机制，强化"项目投入、体系建设、法制建设"三大基础，分作物、分病虫、分阶段/分区域地打赢"区域性重大病虫歼灭战、局部性重大病虫突击战和重大疫情阻截战"三大战役，实现"保障农业生产安全、农产品质量安全和农业生态安全"三大目标。病虫害专业化防治是所有这些工作的着力点，是植保技术集成、推广、应用的

具体体现，是贯彻植保方针、落实植保理念的重要抓手，是完善植保三大机制的落脚点，是强化植保三大基础的重要载体，是打赢三大战役、确保三大安全的重要手段。

五、实现可持续发展的客观需要

病虫害专业化防治组织的出现，改变了面对千家万户农民开展培训的困局，可以大大降低培训面，增强培训效果，解决农技推广的"最后一公里"问题。并通过对他们提供的大面积防治服务，实现科学防治，可以迅速地将新技术推广普及开来。通过组织专业化承包防治，可以从规模和措施上统筹考虑，为了降低防治成本，而促使专业化防治组织开展规模化的农业防治、物理防治和生物防治等综合防治措施。同时，这一组织形式也为统一采取综合防治措施提供了可能和强有力的保障，真正实行绿色防控，实现可持续发展。

第二节 专业化防治组织应具备的条件

一、开展专业化防治的指导思想、目标任务和工作原则

（一）指导思想

以科学发展观为指导，以贯彻落实"预防为主、综合防治"的植保方针和"公共植保、绿色植保"的植保理念为宗旨，按照政府支持、市场运作、农民自愿、循序渐进的原则，以提高防效、降低成本、减少用药、保障生产为目标，以集约项目、整合力量、优化技术、创新服务、规范管理为突破口，大力发展农作物病虫害专业化服务组织，不断拓宽服务领域和服务范围，努力提升病虫防治的质量和水平，全面提升重大病虫害防控能力。

（二）目标任务

2010 年全面实施农作物病虫害专业化防治"百千万行动"，创建 100 个专业化防治示范县，每个县实施全程承包防治 5 万亩①以上，力争 3 年内实现主要作物重大病虫害专业化防治全覆盖；在 1 000 个县建立专业化防治示范区，2011 年每个县示范面积 1 万亩以上，力争 3 年内主要作物重大病虫害专业化防治覆盖率达到 30%；全国扶持发展 1 万个规范化的专业化防治示范组织。通过实施专业化防治"百千万行动"，辐射带动全国主要农作物病虫害专业化防治覆盖率提高 3~5 个百分点。进一步提升农作物重大病虫灾害防控能力，实现农药减量控害和农产品安全目标。到 2010 年，农业部认定的标准果园、菜园、茶园，以及种植业产品的出口基地要 100% 实现病虫害专业化防治；公共地带的重大病虫以及飞蝗的应急防治要 100% 实现病虫害专业化防治；到 2020 年，农作物重大病虫害专业化防治的覆盖率要达到 50%。

（三）工作原则

开展病虫害专业化防治应遵循政府支持、农民自愿、循序渐进和市场运作的原则。

1. 推进全程承包防治

按照"降低成本、提高防效、保障安全"的目标，优先支持对作物整个生长季进行的全程承包防治，强化技物配套服务，推进农药"统购、统供、统配和统施"。充分发挥专业化防治组织的服务主体地位，扶持、引导服务组织增强造血功能，走自主经营、自负盈亏、自我发展的良性发展道路。

2. 扶持规范化防治组织

按照"服务组织注册登记，服务人员持证上岗，服务方式

---

① 1 亩 ≈ 667 平方米，全书同

合同承包，服务内容档案记录，服务质量全程监管"的要求，扶持、规范专业化防治组织发展，培养一批用得上、拉得出、打得赢的专业化防治队伍。

3. 开展规模化防控作业

每个项目县建立防治示范区，每个示范区重点扶持一批专业化防治示范组织，鼓励专业化防治组织开展连片的防治作业服务，每个防治组织日作业能力应在 300 亩以上。通过示范县和示范区带动，逐步扩大专业化防治规模。

通过相关支持项目和农业植保部门加强指导，鼓励专业化服务组织配备先进防治设备，接受专业技术培训。优化并配套应用生物防治、生态控制、物理防治和安全用药等措施，建立综合防控示范区，大力推广先进实用的绿色防控技术，降低农药使用风险，提高防控效果，保障农业生产安全和农产品质量安全。

二、专业化防治组织应具备的条件

（一）有法人资格

经工商或民政部门注册登记，并在县级以上农业植保机构备案。

（二）有固定场所

具有固定的办公、技术咨询场所和符合安全要求的物资储存条件。

（三）有专业人员

具有 10 名以上经过植保专业技术培训合格的防治队员，其中，获得国家植保员资格或初级职称资格的专业技术人员不少于 1 名。防治队员持证上岗。

（四）有专门设备

具有与日作业能力达到 300 亩（设施农业 100 亩）以上相匹配的先进实用设备。

（五）有管理制度

具有开展专业化防治的服务协议、作业档案及员工管理等制度。

第三节　专业化防治组织的形式

一、组织形式

各地专业化统防统治组织形式主要有以下 7 种。

一是专业合作社和协会型。按照农民专业合作社的要求，把大量分散的机手组织起来，形成一个有法人资格的经济实体，专门从事专业化防治服务。或由种植业、农机等专业合作社，以及一些协会，组建专业化防治队伍，拓展服务内容，提供病虫害专业化防治服务。

二是企业型。成立股份公司把专业化防治服务作为公司的核心业务，从技术指导、药剂配送、机手培训与管理、防效检查、财务管理等方面实现公司化的规范运作。或由农药经营企业购置机动喷雾机，组建专业化防治队，不仅为农户提供农药销售服务，同时还开展病虫害专业化防治服务。

三是大户主导型。主要由种植大户、科技示范户或农技人员等"能人"创办专业化防治队，在进行自有田块防治的同时，为周围农民开展专业化防治服务。

四是村级组织型。以村委会等基层组织为主体，组织村里零散机手，统一购置机动药械，统一购置农药，在本村开展病虫统一防治。

五是农场、示范基地、出口基地自有型。一些农场或农产品加工企业，为提高农产品的质量，越来越重视病虫害的防治和农产品农药残留问题，纷纷组建自己的专业化防治队，本企业生产基地开展专业化防治服务。

六是互助型。在自愿互利的基础上，按照双向选择的原则，拥有防治机械的机手与农民建立服务关系，自发地组织在一起，在病虫防治时期开展互助防治，主要是进行代治服务。

七是应急防治型。这种类型主要是应对大范围发生的迁飞性、流行性重大病虫害，由县级植保站组建的应急专业防治队，主要开展对公共地带的公益性防治服务，在保障农业生产安全方面发挥着重要作用。

二、服务方式的种类

开展农作物病虫害专业化防治的服务方式主要有以下3种。

一是代防代治。专业化防治组织为服务对象施药防治病虫害，收取施药服务费，一般每亩收取4~6元。农药由服务对象自行购买或由机手统一提供。这种服务方式，专业化防治组织和服务对象之间一般无固定的服务关系。

二是阶段承包。专业化防治组织与服务对象签订服务合同，承包部分或一定时段内的病虫害防治任务。

三是全程承包。专业化防治组织根据合同约定，承包作物生长季节所有病虫害的防治。全程承包与阶段承包具有共同的特点：即专业化防治组织在县植保部门的指导下，根据病虫发生情况，确定防治对象、用药品种、用药时间，统一购药、统一配药、统一时间集中施药，防治结束后由县植保部门监督进行防效评估。

三、服务方式的分析

（一）代防代治

优势：简单易行，不需要组织管理，收费容易，不易产生纠纷。

不足：仅能解决劳动力缺乏的问题，无法确保实现安全、科学、合理用药，谈不上提高防治效果和防治效益，降低防治成本；机手盈利不足，服务愿望不强；不便于植保技术部门开展培训、指导和管理。

困境：由于现有的植保机械还是半机械化产品为主，要靠人工背负或手工辅助作业，机械化程度和工效低。作业辛苦，劳动强度大；作业规模小，收费低，收益不高，难以满足通过购买机动喷雾机，为他人提供服务而赚取费用的需求。如背负式机动喷雾机一天最多只能防治30亩，收入150元，扣除燃油、折旧等，纯利也就是100多元，与一般体力劳动工钱差不多，还要冒农药中毒危险，从利益上看没有吸引力。现有的植保机械技术含量不高，作业质量受施药人员水平影响大。

解决途径：在消化吸收国外先进机型的基础上，开发出适合我国种植特点的大中型高效、对靶性强、农药利用率高的植保机械。提高植保机械的机械化水平，提高防治效率，实现防治规模化效益；提高机器本身的技术含量，从技术装备上提高施药水平，避免人为操作因素对施药质量的影响。

（二）承包防治

优势：可提高防治效果，降低病虫为害损失；提高防治效率，降低防治用工；提高防治效益，降低防治成本；使用大包装农药，减少农药包装废弃物对环境的污染，同时有利于净化农药市场；为了降低用药成本，而加速其他综合防治措施的应用，同时强有力的组织形式也为统一采取综合防治措施提供了保障；有利于植保技术部门集中开展培训、指导和管理，加速新技术的推广及应用。

不足：组织管理较为费事，收费较为困难，容易产生纠纷；专业化防治组织效益低、风险大；机手流动性较大，增加了培训难度。

困境：由于收取的费用不能比农民自己防治的成本高很多，防治用工费全部要支付给机手，专业化防治组织如何在不增加农民负担的情况下找到自身的盈利模式成为能否健康发展的关键。现在运行较好的专业化防治组织，主要靠农药的销售和包装差价盈利。专业化防治组织是根据往年的平均防治次数收取承包防治费的，当有突发病虫或某种病虫暴发为害需增加防治次数时，当作物后期遭受自然灾害时，承受的风险很大，在没有相应政策扶持下，很多企业望而却步。

解决途径：出台补贴政策，鼓励农民参与专业化防治，促进专业化防治组织健康发展；补贴专业化防治组织开展管理和培训费用；建立突发、暴发病虫害防治补贴基金，用于补贴因增加防治次数而增加的成本；设立保险资金，建立保险制度，规避风险；逐步拓展服务领域，增加收入来源。

第三章 农作物病虫草害识别及防控

第一节 主要农作物病虫害识别与防治

一、小麦主要病虫害识别与防治

（一）小麦锈病

小麦锈病分为 3 种，即条锈病、叶锈病和秆锈病，俗称"黄疸病"，是我国小麦生产中的重要病害，其中以小麦条锈病发生最为普遍。主要分布于西北、西南、华北、黄淮及长江中上游小麦产区。由于其具有大区流行特性，对小麦生产威胁很大，严重时可减产 50%～70%。

1. 症状特征

三种锈病的区别可用"条锈成行叶锈乱，秆锈是个大红斑"来概括。

（1）条锈病。主要为害叶片（图 3-1、图 3-2），也可为害叶鞘、茎秆、穗部。夏孢子堆为小长条状，鲜黄色，椭圆形，在叶片上与叶脉平行排列，呈虚线状。

（2）叶锈病。主要为害叶片，叶鞘和茎秆上少见。夏孢子堆圆形至长椭圆形，橘红色，在叶片上不规则散生，一般不穿透叶片，背面的病斑较正面的小。

（3）秆锈病。主要为害茎秆和叶鞘，也可为害叶片和穗部。

图 3-1　小麦条锈病叶片为害状　　图 3-2　小麦条锈病田间为害症状

夏孢子堆较大，长椭圆形，深褐色或黄褐色，不规则散生，病斑穿透叶片的能力较强，同一侵染点在正反面都可出现，而且叶背面的较正面的大。

2. 防治措施

（1）农业防治。①种植抗病品种。②适期播种，适当晚播，可减轻秋苗期条锈病的发生。③小麦收获后及时翻耕灭茬，清除自生麦苗。

（2）药剂防治。①种子处理：用 25%三唑酮可湿性粉剂 120 克，或用 12.5%烯唑醇可湿性粉剂 100～160 克拌种 100 千克，拌匀后闷 1～2 小时再播种。②大田喷雾：大田病叶率达到 0.5%时，每亩可用 12.5%烯唑醇可湿性粉剂 30～50 克或 25%三唑酮可湿性粉剂 50～80 克喷雾防治。重病田要进行二次喷雾。

（二）小麦白粉病

小麦白粉病是一种世界性病害，在各主要产麦国均有分布，我国山东沿海、四川、贵州、云南发生普遍，为害也重。近年来该病在东北、华北、西北麦区，亦有日趋严重之势。一般可造成减产 10%左右，严重的达 50%以上。

1. 症状特征

该病可侵害小麦植株地上部各器官，但以叶片和叶鞘为主，发病重时颖壳和芒也可受害。初发病时，叶面出现 1~2 毫米的白色霉点，后逐渐扩大为近圆形至椭圆形白色霉斑，霉斑表面有一层白粉状霉层，遇外力或振动立即飞散。后期病部霉层变为灰白色至浅褐色，病斑上散生有针头大小的黑色小粒点（图3-3）。

图3-3　小麦白粉病发病症状

2. 防治措施

（1）农业防治。①种植抗病品种。②中国南方麦区雨后及时排水，防止湿气滞留；北方麦区适时浇水，使寄主增强抗病力。③冬小麦秋播前要及时清除掉自生麦。

（2）药剂防治。①种子处理：用 25% 三唑酮可湿性粉剂120 克拌种 100 千克，拌匀后闷 1~2 小时再播种；用 2.5% 咯菌腈悬浮种衣剂 100~200 毫升+3% 苯醚甲环唑悬浮种衣剂 300 毫升，对水 1 500毫升，拌种 100 千克，并堆闷 3 小时。兼治黑穗病、条锈病、根腐病和纹枯病。②大田喷雾：大田病叶率达到10% 以上时，每亩用 12.5% 烯唑醇可湿性粉剂 30~50 克或25% 三唑酮可湿性粉剂 50~80 克喷雾防治。

（三）小麦全蚀病

小麦全蚀病在许多麦区均有发生。小麦感病后，分蘖减少，成穗率低，千粒重下降。发病越早，减产幅度越大。拔节前显病的植株，往往早期枯死；拔节期显病植株，减产50%左右；灌浆期显病的植株减产20%以上。

1. 症状特征

全蚀病是一种根部病害，只侵染麦根和茎基部1~2节。小麦抽穗后茎基部变黑，腐烂加重，呈"黑脚"状，叶鞘易剥落，内生灰黑色菌丝层，后期产生黑点状突起。由于受土壤菌量和根部受害程度的影响，田间症状显现期不一。

（1）分蘖期。地上部无明显症状，仅重病植株表现稍矮，基部出现黄叶。冲洗麦根可见种子根与地下茎变灰黑色。

（2）拔节期。病株返青迟缓，黄叶多，拔节后期重病株矮化、稀疏，叶片自下向上变黄，似干旱、缺肥。拔起可见植株种子根、次生根大部分变黑。横剖病根，根轴变黑。在茎基部表面和叶鞘内侧，生有较明显的灰黑色菌丝层。

（3）抽穗灌浆期。病株成簇或点片出现早枯白穗，在潮湿麦田中，茎基部表面布满条点状黑斑，形成"黑脚"（图3-4）。

图3-4 小麦全蚀病为害状

2. 防治措施

（1）农业防治。①种植抗耐病品种。②轮作倒茬。实行稻麦轮作，或与棉花、烟草、蔬菜等经济作物轮作，也可改种大豆、油菜、马铃薯等。

（2）药剂防治。①土壤处理：播种前选用 70% 甲基硫菌灵可湿性粉剂按每亩 2~3 千克加细土 20~30 千克，均匀施入播种沟中进行土壤处理。②种子处理：每 100 千克种子用 2.5% 咯菌腈悬浮种衣剂 100~200 毫升，或用 3% 苯醚甲环唑悬浮种衣剂 300 毫升，对水 1 000 毫升混成均一药液，将药液倒在种子上，边倒边搅拌，直至药液均匀附着在种子表面，或用专业包衣机进行种子包衣。

（四）小麦地下害虫

为害小麦的地下害虫主要有蝼蛄、蛴螬、金针虫三种，主要发生在小麦秋苗期和返青后至灌浆期。

1. 为害特征

从播种开始直到翌年小麦乳熟期，蝼蛄（图 3-5）为害小麦。在秋季为害小麦幼苗，以成虫或若虫咬食发芽种子和幼根嫩茎，扒成乱麻状或丝状，使幼苗生长不良甚至枯死，并在土表穿行活动而造成隧道，使根土分离而缺苗断垄。

图 3-5 蝼蛄

图 3-6 蛴螬

蛴螬（图3-6）幼虫为害麦苗地下分蘖节处，咬断根茎使苗枯死。

金针虫以幼虫咬食发芽种子和根茎，可钻入种子和根茎相交处，被害处不整齐呈乱麻状，形成枯心苗以致全株枯死（图3-7）。

2. 防治措施

（1）农业防治。①深翻土地，精耕细作，可有效压低虫口密度15%～30%。②采用合理耕作制度，适时调整茬口，进行轮作，有条件的可实行水旱轮作。③尽量施用腐熟有机肥，以减少蝼蛄、蛴螬等害虫。

图3-7　金针虫为害小麦根部

（2）药剂防治。①种子处理：每100千克种子用40%辛硫磷乳油100毫升，对适量水混成均一药液，将药液喷在种子上，边喷边翻拌直至混合均匀。②药液灌根：枯心苗率达3%时，用40%辛硫磷乳油800倍液灌根。

（五）小麦蚜虫

小麦蚜虫分布极广，几乎遍及世界各小麦产区。我国为害小麦的蚜虫有多种，通常以麦长管蚜和麦二叉蚜发生数量最多，为害最重。一般麦长管蚜无论南北方密度均相当大，但偏北方发生更重；麦二叉蚜主要发生于长江以北各省。

1. 为害特征

小麦自秋苗开始，直至收获，均有麦蚜为害（冬季休眠期除外），其中以穗期种群数量最大，是为害的关键期。若遇小麦穗期温度高，降雨少，穗期蚜虫增殖迅速，群聚刺吸叶片汁液或在叶片表面产生蜜露和黑污物，麦苗被害后，叶片枯黄，生长停滞，分蘖减少；后期麦株受害后，叶片发黄，麦粒不饱满，严重时麦穗枯白，不能结实，甚至整株枯死（图3-8）。

图3-8　小麦蚜虫为害麦穗状

2. 防治措施

（1）农业防治。①合理布局。冬、春麦混种区尽量使秋季作物单一化，尽可能为玉米或谷子等。②冬麦适当晚播，清除田内外杂草，实行冬灌。

（2）药剂防治。①种子处理：每100千克种子用600克/升吡虫啉悬浮种衣剂200毫升，对水1 000毫升混成均一药液，将药液倒在种子上，边倒边搅拌，直至药液均匀附着在种子表面，或用专业包衣机进行种子包衣。②大田喷雾：百穗有蚜500头时，每亩用20%丁硫克百威乳油30~40毫升或22%噻虫·高氯氟微囊悬浮剂10~15毫升，或用2.5%高效氯氟氰菊酯乳油20~24毫升，对水均匀喷雾。

（3）生物防治。保护利用天敌。麦田中麦蚜的天敌种类较多，主要有瓢虫、食蚜蝇、草蛉、蜘蛛、蚜茧蜂等。当益害比达到1∶80或僵蚜（图3-9）率达到30%时，应以利用天敌为主，不用或少用化学农药，尽可能避免在治蚜时杀伤天敌。

图3-9　蚜茧蜂寄生麦蚜形成僵蚜

二、玉米主要病虫害识别与防治

（一）玉米大（小）斑病

玉米大（小）斑病是玉米上的重要叶部病害。一般造成减产15%~20%，发生严重年份，减产达50%左右。

1. 症状特征

玉米大斑病又称条斑病、煤纹病、枯叶病、叶斑病等。主要为害玉米的叶片、叶鞘和苞叶，下部叶片先发病。叶片染病后先出现水渍状青灰色斑点，然后沿叶脉向两端扩展，形成边缘暗褐色、中央淡褐色或青灰色的大斑。后期病斑常纵裂，严重时病斑融合，叶片变黄枯死。潮湿时病斑上有大量灰黑色霉层（图3-10）。

玉米小斑病又称玉米斑点病。常和大斑病同时出现或混合侵染。除为害叶片、苞叶和叶鞘外，对雌穗和茎秆的致病力也比大斑病强，可造成果穗腐烂和茎秆断折，发病比大斑病稍早。初为水浸状，后变为黄褐色或红褐色，边缘颜色较深，椭圆形、圆形或长圆形，大小（5~10）毫米×（3~4）毫米，病斑密集时常连接成片，形成较大的枯斑（图3-11）。

图3-10　玉米大斑病为害叶片症状

图3-11　玉米小斑病为害叶片症状

2. 防治措施

（1）农业防治。①种植抗病品种。②玉米收获后，彻底清除田间病残株。③土壤深耕高温沤肥，杀灭病菌。④施足底肥，增加磷肥，重施喇叭口肥，及时中耕灌水。

（2）药剂防治。玉米抽雄前后，当田间病株率达 70%、病叶率达 20% 时，每亩用 30% 苯甲·丙环唑乳油 15 毫升，或用 25% 吡唑醚菌酯乳油 30 毫升，或用 45% 代森铵水剂 40 毫升，对水均匀喷雾。

（二）玉米丝黑穗病

玉米丝黑穗病又称乌米、哑玉米，在华北、东北、华中、西南、华南和西北地区普遍发生。以北方春玉米区、西南丘陵山地玉米区和西北玉米区发病较重。一般年份发病率在 2% ~ 8%，个别地块达 60% ~ 70%。

1. 症状特征

玉米丝黑穗病是幼苗侵染的系统性病害，其症状有时在生长前期就有表现，但典型症状一般到穗期出现，绝大多数雌穗和雄穗都受害，仅少数发病迟的雌穗受害而雄穗正常。雄性花器感病后变形，雄花基部膨大，内为一包黑粉，不能形成雄穗（图 3-12）。雌穗受害果穗变短，基部粗大，除苞叶外，整个果穗为一包黑粉和散乱的丝状物（图 3-13）。

图 3-12　玉米丝黑穗病雄穗黑穗型

图 3-13　玉米丝黑穗病雌穗黑穗型

2. 防治措施

（1）农业防治。①选择抗病品种。②精细整地，适当浅播，足墒下种，提高植株的抗病能力。③采用地膜覆盖技术，地膜覆盖可提高地温，保持土壤水分，使玉米出苗和生育加快，从而减少发病机会。④拔除病株和摘除病瘤。

（2）药剂防治。种子处理：每 100 千克种子用 3% 苯醚甲环唑悬浮种衣剂 400 毫升或 6% 戊唑醇悬浮种衣剂 200 毫升，对水 1 000 毫升混成均一药液，将药液倒在种子上，边倒边搅拌直至药液均匀附着在种子表面。

（三）玉米粗缩病

玉米粗缩病是由灰飞虱传播玉米粗缩病毒（MRDV）引起的一种病毒病，是我国北方玉米生产区流行的重要病害。

1. 症状特征

玉米整个生育期都可感染发病，以苗期受害最重，5~6 片叶即可显症，开始在心叶基部及中脉两侧产生透明的油浸状褪绿虚线条点，逐渐扩及整个叶片。病苗浓绿，叶片僵直，宽短而厚，心叶不能正常展开，病株生长迟缓、矮化，叶色浓绿，节间粗短。至 9~10 叶期，病株矮化现象更为明显，上部节间短缩粗肿，顶部叶片簇生，病株高度不到健株一半，多数不能抽穗结实，个别雄穗虽能抽出，但分枝极少，没有花粉。果穗畸形，花丝极少，植株严重矮化，雄穗退化，雌穗畸形，严重时不能结实（图 3-14）。

图 3-14　玉米粗缩病为害状

2. 防治措施

（1）农业防治。①选种抗、耐病品种。②清除田边、沟边杂草，精耕细作，以减少虫源。③适当调整玉米播期，使玉米苗期错过灰飞虱的传毒盛期。④加强田间管理，及时追肥浇水，提高植株抗病力。⑤结合间苗定苗，及时拔除病株，以减少病株和毒源，病害严重地块及早改种豆科作物或甜玉米、糯玉米等。

（2）药剂防治。①种子处理：用内吸杀虫剂对玉米种子进行包衣和拌种，可以有效防治苗期灰飞虱，减轻粗缩病的传播。每 100 千克玉米种子用 70%噻虫嗪种子处理可分散粉剂 200 克，对水 1 000 毫升充分搅拌溶解后，均匀包衣。②大田喷雾：防治灰飞虱，每亩用 10%吡虫啉可湿性粉剂 15 克，对水均匀喷雾，或用4.5%高效氯氰菊酯乳油30毫升，对水均匀喷雾；防治粗缩病可亩用5%氨基寡糖素75~100毫升喷雾防治。

（四）玉米地下害虫

1. 为害特征

玉米地下害虫主要包括蛴螬、蝼蛄、地老虎、金针虫等。地下害虫咬食玉米种子、幼芽和根系，造成玉米缺苗断垄，一般缺苗10%以上，甚至全田毁苗，对玉米产量影响很大（图3-15）。

图3-15 为害玉米的地下害虫——地老虎

2. 防治措施

（1）农业防治。及时清除玉米苗基部麦秸、杂草等覆盖物，消除其发生的有利环境条件。一定要把覆盖在玉米垄中的麦糠麦秸全部清除到远离植株的玉米大行间并裸露出地面。

（2）药剂防治。种子处理：每100千克种子用70%吡虫啉水分散粒剂100~200克或70%噻虫嗪种子处理可分散粉剂100~200克，对水1 000毫升混成均一药液，将药液倒在种子上，边倒边搅拌直至药液均匀附着在种子表面。可兼治蚜虫、灰飞虱。

（五）玉米螟

玉米螟是危害玉米的主要害虫，严重影响玉米的产量和品质。主要分布于北京、东北、河北、河南、四川、广西壮族自治区等地。各地的春、夏、秋播玉米都不同程度受害，尤以夏播玉米最严重。一般年份减产 5%～10%，严重的减产 10%～30%。

1. 为害特征

玉米螟在玉米心叶期以幼虫取食叶肉或蛀食未展开的心叶，造成"花叶"（图 3-16）；玉米抽穗后钻蛀茎秆，使雌穗发育受阻而减产，蛀孔处易折断；幼虫在穗期直接蛀食雌穗、嫩粒，造成籽粒缺损、霉烂，降低品质和产量（图 3-17）。

图 3-16　玉米螟为害心叶状

图 3-17　玉米螟幼虫为害穗状

2. 防治措施

（1）农业防治。玉米螟幼虫大多数在玉米秆、玉米穗轴芯中越冬，春季化蛹。所以，采取秸秆还田、沤肥或作饲料，力争在 4 月底前就地将玉米秸秆处理掉，可有效降低虫口密度，减轻田间为害。

（2）药剂防治。①心叶期田间被害株率 10% 以上时，每亩用 3% 辛硫磷颗粒剂 250 克加细砂 5 千克施于心叶内防治；穗期虫株率 10% 时，可用 90% 敌百虫晶体 800 倍液滴灌果穗。②每亩用 200 克/升氯虫苯甲酰胺悬浮剂 15 毫升或 40%氯虫·噻虫嗪水分散性颗粒剂 10 毫升，对水均匀喷雾。

（3）生物防治。可选择赤眼蜂防治，于玉米螟产卵期释放赤眼蜂 2~3 次，或亩用 Bt 乳剂 200 毫升喷雾防治。

三、水稻主要病虫害识别与防治

（一）水稻纹枯病

俗名花脚秆、烂脚秆。全国各稻区都有发生，为水稻重要病害之一。我国的华南、华中和华东稻区发生较重，华北、东北和云南稻区也有发生，局部地区为害严重。

1. 症状特征

一般分蘖期开始发病，最初在近水面的叶鞘上出现水渍状椭圆形斑，以后病斑增多，常相互愈合成为不规则大型的云纹状斑，其边缘为褐色，中部发绿色或淡褐色。叶片上的症状和叶鞘上的基本相同。病害由下向上扩展，严重时可到剑叶，甚至造成穗部发病（图 3-18）。

图 3-18　水稻纹枯病为害状

2. 防治措施

（1）农业防治。①健身栽培，增强植株抗病力，减少为害。

②合理密植。实行东西向宽窄行条栽，以利通风透光，降低田间湿度。③浅水勤灌，适时晒田。④合理施肥，控氮增钾。

（2）药剂防治。每亩用30%苯甲·丙环唑乳油15毫升，或用5%井冈霉素水剂150毫升，或用25%三唑酮可湿性粉剂50克，或用12.5%烯唑醇可湿性粉剂20克，或用50%多菌灵可湿性粉剂50克对水均匀喷雾防治。重病田需防治2次，间隔7~10天。

（二）水稻白叶枯病

水稻白叶枯病在各稻区都有发生，以沿海稻区发生较普遍。

1. 症状特征

又称白叶瘟、地火烧、茅草瘟。细菌性病害，整个生育期均可受害，苗期、分蘖期受害最重。主要发生于叶片。初期在叶缘产生半透明黄色小斑，以后沿叶脉一侧或两侧或沿中脉发展成波纹状的黄绿或灰绿色病斑；病部与健部分界线明显；数日后病斑转为灰白色，并向内卷曲。空气潮湿时，新鲜病斑的叶缘上分泌出湿浊状的水珠或蜜黄色菌胶，干涸后结成硬粒，容易脱落（图3-19）。

图3-19　水稻白叶枯病叶片为害状

2. 防治措施

（1）农业防治。①种植抗病品种，培育无病壮秧。②抓好肥水管理，整治排灌系统，平整土地，防止涝害，防止串灌、漫灌。

（2）药剂防治。①种子消毒：用三氯异氰尿酸300~500倍（即10克三氯异氰尿酸加水3~5千克）浸种3~5千克。浸种方法：先用温水预浸种12小时后，再用三氯异氰尿酸药液浸种12小时，然后捞起冲洗干净，用清水再浸12小时，捞起后即可催芽。可兼治恶苗病。②秧苗保护：秧苗在三叶一心期和移栽前喷药预防，每亩可用20%噻菌铜胶悬剂100毫升、或20%噻唑锌胶悬剂100毫升，或50%氯溴异氰尿酸可溶性粉剂40~60克对水均匀喷雾。③大田喷雾：水稻拔节后对感病品种要及早检查，如发现发病中心，应立即施药防治；大风雨后，特别是沿海地区台风过后，对受淹及感病品种稻田，都应喷药保护。所用药剂和剂量同秧苗保护。

（三）稻纵卷叶螟

稻纵卷叶螟（图3-20）俗称刮青虫，是为害水稻的主要害虫。

图3-20 稻纵卷叶螟成虫和幼虫

1. 为害特征

初孵幼虫取食心叶，出现针头状小点，也有先在叶鞘内为害，随着虫龄增大，吐丝缀稻叶两边叶缘，纵卷叶片成圆筒状虫苞，幼虫藏身其内啃食叶肉，留下表皮呈白色条斑（图3-21），严重时"虫苞累累，白叶满田"，以孕穗期、抽穗期受害损失最大。

图3-21　稻纵卷叶螟为害水稻叶片状

2. 防治措施

（1）农业防治。合理施肥，适时烤搁田，降低田间湿度，防止稻株前期猛发嫩绿，后期贪青晚熟，可减轻受害程度。

（2）药剂防治。根据水稻孕穗期、抽穗期受害损失大的特点，药剂防治的策略为"狠治穗期世代，挑治一般世代"。

"两查两定"：一查稻纵卷叶螟消长和幼虫龄期以定防治适期，掌握二龄幼虫高峰前用药。二查有效虫量以定防治对象田，防治指标为，分蘖期每100丛40～50头、孕穗期每100丛20～30头有效虫量。

大田喷雾：在二龄幼虫高峰期施药，每亩用20%氯虫苯甲酰胺悬浮剂10毫升或40%氯虫·噻虫嗪水分散粒剂8～10克，或用15%茚虫威悬浮剂12毫升，或用1.8%阿维菌素乳油80～100毫升；在卵孵盛期至一龄幼虫高峰期施药，每亩用32%丙溴磷·氟铃脲可湿性粉剂50~60毫升，或用25.5%阿维·丙溴灵乳油100毫升，或用50%丙溴磷乳油100毫升，或用50%稻丰散乳油100毫升，对水均匀喷雾。

四、棉花主要病虫害识别与防治

（一）棉花苗期病害

棉花苗期病害种类多，常见的有立枯病、炭疽病、猝倒病、红腐病等，其中立枯病和炭疽病发病比较普遍和严重。发病率一般为20%~30%，严重的达50%~90%。

1. 症状特征

（1）立枯病（图3-22）。棉苗根部和近地面茎基部出现长条形黄褐色斑，发病严重时整个病斑扩展为黑褐色，环绕整个根茎造成环状缢缩，导致整株枯死，枯死株根部腐烂。子叶受害，多在被害叶子上产生不规则黄褐色病斑，病部干枯脱落后形成穿孔。发病田常出现缺苗断垄。

图3-22　棉花立枯病幼苗受害状

（2）炭疽病（图3-23）。幼苗根茎部和茎基部产生褐色条纹，严重时纵裂、下陷，导致维管束不能正常吸水，幼苗枯死。子叶受害，多在叶的边缘产生半圆形或近半圆形褐色斑纹，田间空气湿度大时，可扩展到整个子叶。茎部被害多从叶痕处发病，形成黑色圆形或长条形凹陷病斑，病斑上有橘红色黏状物。

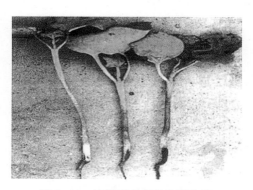

图3-23　棉花炭疽病幼苗受害状

2. 防治措施

（1）农业防治。①适时播种。早播则气温、土温偏低，延缓种苗出土时间，利于病菌侵入为害。晚播则不利于种苗生长，影响棉花产量。②加强田间管理。出苗后及时耕田松土，及时清除田间病残体。雨后注意中耕，防止土壤板结。③合理轮作。尽可能与其他作物实行3年以上轮作倒茬。

（2）药剂防治。①种子处理：每100千克种子用2.5%咯菌腈悬浮种衣剂2.5毫升包衣，或用1%武夷菌素水剂或2%宁南霉素水剂200倍液浸种24小时。②田间死苗率超过2%时，可用65%代森锰锌可湿性粉剂或70%甲基硫菌灵可湿性粉剂800～1 000倍液喷雾防治。

（二）棉花黄萎病

1. 症状特征

整个生育期均可发病。自然条件下幼苗发病少或很少出现症状。一般在 3~5 片真叶期开始显症，生长中后期棉花现蕾后田间大量发病，初在植株下部叶片上的叶缘和叶脉间出现浅黄色斑块，后逐渐扩展，叶色失绿变浅，主脉及其四周仍保持绿色，病叶出现掌状斑驳，叶肉变厚，叶缘向下卷曲，叶片由下而上逐渐脱落，仅剩顶部少数小叶。蕾铃稀少，棉铃提前开裂，后期病株基部生出细小新枝。纵剖病茎，木质部上产生浅褐色变色条纹。夏季暴雨后出现急性型萎蔫症状，棉株突然萎垂，叶片大量脱落，严重影响棉花产量。

图 3-24 棉花黄萎病发病初期叶片为害症状

2. 防治措施

（1）农业防治。①选抗病品种。②轮作倒茬（同枯萎病）。③加强棉田管理。清洁棉田，减少土壤菌源，及时清沟排水，降低棉田湿度，使其不利于病菌滋生和侵染。平衡施肥，氮、磷、钾合理配比使用，切忌过量使用氮肥，重施有机肥，侧重施氮、钾肥。

（2）药剂防治。大田喷雾：用0.5%氨基寡糖素水剂400倍液，或用80%乙蒜素乳油1 000~1 500倍液均匀喷雾。

（三）棉蚜

俗称腻虫，为世界性棉花害虫。中国各棉区均有发生，是棉花苗期的重要害虫之一。

1. 为害特征

棉蚜以刺吸式口器插入棉叶背面或嫩头部分组织吸食汁液，受害叶片向背面卷缩，叶表有蚜虫排泄的蜜露，并往往滋生霉菌（图3-25）。棉花受害后植株矮小、叶片变小、叶数减少、现蕾推迟、蕾铃数减少、吐絮延迟。严重的可使蕾铃脱落，造成落叶减产。

图3-25 棉蚜为害状

2. 防治措施

（1）农业防治。①铲除杂草，加强水肥管理，促进棉苗早发，提高棉花对蚜虫的耐受能力。②采用麦—棉、油菜—棉、蚕豆—棉等间作套种。③结合间苗、定苗、整枝打杈，拔除有蚜株，并带出田外集中销毁。

（2）药剂防治。①种子处理：每100千克种子用600克/升吡虫啉悬浮种衣剂600~800毫升，或用70%噻虫嗪种子处理可分散粉剂300~600克，对水1 000毫升混成均一药液，将药液倒在种子上，边倒边搅拌直至药液均匀附着到种子表面。兼治地下害虫。②大田喷雾：每亩用10%吡虫啉可湿性粉剂20~40克，或用1%甲氨基阿维菌素苯甲酸盐乳油40~60毫升，或用3%啶虫脒乳油15~20毫升，或用2.5%高效氯氟氰菊酯乳油10~20毫升，对水均匀喷雾。

（3）物理防治。采用黄板诱杀技术。

（4）生物防治。保护利用天敌。棉田中棉蚜的天敌主要有瓢虫、草蛉、食蚜蝇、食蚜蟥、蜘蛛等。

（四）棉铃虫

棉铃虫是棉花蕾铃期为害的主要害虫。我国黄河流域棉区、长江流域棉区受害较重。

1. 为害特征

棉铃虫主要以幼虫蛀食棉蕾、花和棉铃，也取食嫩叶。为害棉蕾后苞叶张开变黄，蕾的下部有蛀孔，直径约5毫米，不圆整，蕾内无粪便，蕾外有粒状粪便，蕾苞叶张开变成黄褐色，2~3天后即脱落。青铃受害时，铃的基部有蛀孔，孔径粗大，近圆形，粪便堆积在蛀孔之外，赤褐色，铃内被食去一室或多室的棉籽和纤维，未吃的纤维和种子呈水渍状，成为烂铃（图3-26）。1只幼虫常为害10多个蕾铃，严重时蕾铃脱落一半以上。

图 3-26　棉铃虫为害棉铃症状

2. 防治措施

（1）农业防治。①秋耕冬灌，压低越冬虫口基数。②加强田间管理。适当控制棉田后期灌水，控制氮肥用量，防止棉花徒长。

（2）药剂防治。每亩用 1% 甲氨基阿维菌素苯甲酸盐乳油 40~60 毫升，或用 2.5% 高效氯氟氰菊酯乳油 20~60 毫升，或用 15% 茚虫威悬浮剂 18 毫升，或用 5% 氟铃脲乳油 100~160 毫升，或用 40% 辛硫磷乳油 50~100 毫升，对水均匀喷雾。

（3）物理防治。①利用棉铃虫成虫对杨树叶挥发物具有趋性和白天在杨枝把内隐藏的特点，在成虫羽化、产卵时，在棉田摆放杨枝把，每亩放 6~8 把，日出前收集处理诱到的成虫。②在棉铃虫重发区和羽化高峰期，利用高压汞灯及频振式杀虫灯诱杀棉铃虫成虫。

（4）生物防治。①每亩用 8 000 国际单位苏云金杆菌可湿性粉剂 200~300 克，或用 10 亿 PIB/克棉铃虫核型多角体病毒可湿性粉剂 100~150 克，对水均匀喷雾。②每亩释放赤眼蜂 1.5 万~2 万头，或释放草蛉 5 000~6 000 头。

五、花生主要病虫害识别与防治

（一）花生叶斑病

花生叶斑病是花生生长中后期的重要病害，其发生遍及我国主要花生产区。轮作地发病轻，连作地发病重。重茬年限越长，发病越重，往往在收获季节前，叶片就提前脱落，这种早衰现象常被误认为是花生成熟的象征。花生受害后一般减产10%~20%，发病重的地块减产达40%以上。

1. 症状特征

花生叶斑病包括褐斑病和黑斑病，两种病害均以危害叶片为主，在田间常混合发生于同一植株甚至同一叶片上，症状相似，主要造成叶片枯死、脱落。花生发病时先从下部叶片开始出现症状，后逐步向上部叶片蔓延，发病早期均产生褐色的小点，逐渐发展为圆形或不规则形病斑。褐斑病病斑较大，病斑周围有黄色的晕圈，而黑斑病病斑较小，颜色较褐斑病浅，边缘整齐，没有明显的晕圈。天气潮湿或长期阴雨，病斑可相互联合成不规则形大斑，叶片焦枯，严重影响光合作用。如果发生在叶柄、茎秆或果针上，轻则产生椭圆形黑褐色或褐色病斑，重则整个茎秆或果针变黑枯死（图3-27）。

2. 防治措施

（1）农业防治。①选用抗病品种。②轮作换茬。花生叶斑病的寄主单一，只侵染花生，尚未发现其他寄主，与禾谷类、薯类作物轮作，可以有效控制其危害，轮作周期以两年以上为宜。③清除病残体。花生收获后，要及时清除田间病残体，并深耕30厘米以上，将表土病菌翻入土壤底层，使病菌失去侵染能力，以减少病害初侵染来源。④合理施肥。结合整地，施足底肥，并做到有机肥、无机肥搭配，氮、磷、钾三要素配合，一般亩施有机肥4 000~5 000千克，尿素15~20千克，过磷酸钙

图3-27　花生叶斑病叶片被害状

40~50千克，硫酸钾10~15千克。同时在开花下针期还要进行叶面喷肥，每亩用尿素250克，磷酸二氢钾150克，对水均匀喷施。

（2）药剂防治。在发病初期，当病叶率达10%~15%时开始施药，每亩可用60%唑醚·代森联可分散粒剂60~100克，或用80%代森锰锌可湿性粉剂60~75克，或用50%多菌灵可湿性粉剂70~80克，或用75%百菌清可湿性粉剂100~150克，每隔7~10天喷药一次，连喷2~3次。

（二）花生根腐病和茎腐病

花生根腐病和茎腐病属于土传真菌性病害。由于花生连年种植，发生和危害比较严重。一般减产15%左右，发病严重地块减产在30%以上，严重影响了花生的产量和品质。

1．症状特征

（1）花生根腐病。俗称"鼠尾"，各生育期均可发病。花生播后出苗前染病，侵染刚萌发的种子，造成烂种不出苗；幼苗受害，主根变褐，植株枯萎；成株受害，主根根茎上出现凹陷长条形褐色病斑，根部腐烂易剥落，无侧根或很少，形似鼠尾（图3-28）。地上植株矮小，叶片黄，开花结果少，且多为秕果。

图3-28　花生根腐病为害状

（2）花生茎腐病。俗称"倒秧病""掐脖瘟"。花生生长前期和中期发病，子叶先变黑腐烂，然后侵染近地面的茎基部及地下茎，初为水浸状黄褐色病斑，后逐渐绕茎或向根茎扩展形成黑褐色病斑，地上部分叶片变浅发黄，中午打蔫，第二天又恢复，发病严重时全株萎蔫，枯死。

2.防治措施

（1）农业防治。①选用优良抗病品种。②合理轮作和套种。可与禾本科作物小麦、玉米、谷子等轮作、套种。③加强田间管理。深翻改土，合理施肥，增施腐熟的有机肥，追施草木灰；及时中耕除草，促苗早发，生长健壮，增强花生抗病能力；及时拔除田间病株，带出销毁。④花生收获后及时深翻土地，以消灭部分越冬病菌。

（2）药剂防治。种子处理：每100千克种子用25克/升咯菌腈悬浮种衣剂100毫升，或用350克/升精甲霜灵种子处理乳剂

80毫升对适量水，对种子进行均匀包衣。

（三）花生白绢病

1. 症状特征

花生白绢病是一种土传真菌性病害，多在成株期发生，主要为害茎基部、果柄、果荚及根。茎基病斑初期暗褐色，波纹状，逐渐凹陷，变色软腐，上被白色绢丝状菌丝层，直至植株中下部茎秆均被覆盖，最后茎秆组织呈纤维状，易折断拔起（图3-29）。天气潮湿时，菌丝层会扩展到病株周围土壤，形成暗褐色、油菜籽状菌核。

图3-29　花生白绢病为害状

2. 防治措施

（1）农业防治。①深翻改土，加强田间管理。②花生收获前，清除病残体；收获后深翻土壤，减少田间越冬菌源。

（2）药剂防治。①种子处理：可用50%多菌灵可湿性粉剂按种子量的0.5%拌种；或用50%甲基立枯磷乳油按种子量的

0.2%~0.4%混拌。②喷雾防治：在花生结荚初期，每亩用50%多菌灵可湿性粉剂100~120克对水均匀喷雾。

（四）花生蚜虫

花生蚜虫，俗称"蜜虫"，也叫"腻虫"，是我国花生产区的一种常发性害虫。一般减产20%～30%，发生严重的减产50%~60%，甚至绝产。

1. 症状特征

在花生尚未出土时，蚜虫就能钻入幼嫩枝芽上为害，花生出土后，多聚集在顶端幼嫩心叶背面吸食汁液，受害叶片严重卷曲。始花后，蚜虫多聚集在花萼管和果针上为害，使花生植株矮小，叶片卷缩，影响开花下针和正常结实。严重时，蚜虫排出大量蜜露，引起霉菌寄生，使茎叶变黑，能致全株枯死（图3-30）。

图3-30 花生蚜虫为害状

2. 防治措施

（1）农业防治。及早清除田间周围杂草，减少蚜虫来源。

（2）药剂防治。①种子处理：每100千克种子用70%噻虫嗪种子处理可分散粉剂200克进行种子包衣，兼治地下害虫和蓟马。②大田喷雾：每亩用2.5%溴氰菊酯乳油20~25毫升，对水均匀喷雾，兼治棉铃虫。

（3）物理防治。用黄板20~25块/亩，于植株上方20厘米处悬挂于花生田间，可有效粘杀花生蚜虫。

（4）生物防治。保护利用瓢虫类、草蛉类、食蚜蝇类和蚜茧蜂类等天敌生物，当百墩蚜量4头左右，瓢虫：蚜虫比为1：（100~120）时，可利用瓢虫控制花生蚜的为害。

六、蔬菜主要病虫害识别与防治

（一）黄瓜苗期病害

黄瓜苗期病害主要有猝倒病、立枯病等，冬春育苗时苗床上普遍发生且危害严重。

1. 症状特征

（1）猝倒病。从种子发芽到幼苗出土前染病，造成烂种、烂芽，出土不久的幼苗最易发病。幼苗茎基部出现水渍状黄褐色病斑，迅速扩展后病部缢缩成线状，幼苗病势扩展极快，子叶凋萎之前，幼苗便倒折贴伏地面（图3-31）。刚刚倒折的幼苗依然绿色，故称之为猝倒病。

（2）立枯病。多在出苗一段时间后发病，在幼苗茎基部产生椭圆形褐色病斑，病斑逐渐凹陷，扩展后绕茎一周造成病部收缩、干枯。病苗初为萎蔫状，随之逐渐枯死，枯死苗多立而不倒伏，故称之为立枯病。苗床湿度大时，病苗附近床面上常有稀疏的淡褐色蛛丝状霉，苗床上病害扩展较慢。

图 3-31　黄瓜猝倒病幼苗受害状

2. 防治措施

（1）农业防治。①种子要精选，催芽时间不宜过长，播种不要过密。②加强苗床管理。床土要选用无菌新土，最好换大田土。苗床要平整，土要细松。出苗后尽量不要浇水，必须浇水时应选择晴天喷洒，切忌大水漫灌。③加强通风换气，促进幼苗健壮生长。

（2）药剂防治。①苗床药剂消毒。每平方米用 50% 多菌灵可湿性粉剂 8~10 克，拌细土 1 千克，撒施播种畦内。②药剂防治。防治猝倒病，每亩用 72.2% 霜霉威水剂 100 毫升，或 25% 嘧菌酯悬浮剂 34 克，对水均匀喷雾，视病情防治 2~3 次，用药间隔 7 天；防治立枯病，用 72% 霜脲·锰锌可湿性粉剂 130~160 克，对水均匀喷雾，间隔 6~7 天，视病情防治 2~3 次。

（二）黄瓜疫病

黄瓜疫病是一种发展迅速，流行性强，毁灭性的病害，故称为"疫病"。

1. 症状特征

苗期、成株期均可发病。苗期发病多是子叶、根茎处呈暗绿色水浸状，很快腐烂而死。成株期发病，多在茎基部或节部、分枝处发病。先出现褐色或暗绿色水渍状斑点，迅速扩展成大型褐色、紫褐色病斑，表面长有稀疏白色霉层。病部缢缩，皮层软化腐烂，病部以上茎叶萎蔫，枯死。叶片发病产生不规则状、大小不一的病斑，似开水烫状，湿绿色，扩展迅速可使整个叶片腐烂，湿度大或阴雨时病部表面生有轻微的霉（图3-32）。瓜条发病先形成水渍状暗绿色病斑，略凹陷，湿度大时瓜条很快软腐，病部产生稀疏白霉。

图3-32　黄瓜疫病茎基部受害状

2. 防治措施

（1）农业防治。①选用抗病品种。②与非瓜类作物进行2年以上轮作。③加强栽培管理。选择排水良好的地块，采用深沟高垄种植，雨后及时排水。

（2）药剂防治。同黄瓜霜霉病。

（三）黄瓜细菌性角斑病

黄瓜细菌性角斑病是黄瓜的重要病害之一。

1. 症状特征

此病全生育期均可发生，可为害叶片、叶柄、卷须和果实，严重时也侵染茎蔓。幼苗多在子叶上出现水渍状圆病斑，稍凹陷，变褐枯死。成株叶片发病，最初产生水渍状小斑点，病斑扩大因受叶脉限制，形成多角形黄色病斑，潮湿时病斑外围具有明显水渍状圈，并产生白色菌脓，干燥时病斑干裂、穿孔（图3-33）。瓜条和茎蔓病斑初期也是水渍状，后出现溃疡或裂口，并有菌脓溢出，病部干枯后呈乳白色，并有裂纹，瓜条病斑向深部腐烂。

图3-33　黄瓜细菌性角斑病叶片初期为害状

2. 防治措施

（1）农业防治。①选用抗病品种。②无病土育苗，移栽时施足底肥，增施磷钾肥，深翻土地，避雨栽培，清洁田园，保护地通风降湿等。

（2）药剂防治。每亩用3%中生菌素可湿性粉剂600~800倍液、77%氢氧化铜可湿性粉剂400~600倍液交替均匀喷雾。间隔6~7天，视病情防治2~3次。

（四）黄瓜白粉病

1. 症状特征

苗期至收获期均可染病，叶片发病重，叶柄、茎次之，果实受害少。发病初期叶面或叶背及茎上产生白色近圆形星状小粉斑，以叶面居多，后向四周扩展成边缘不明显的连片白粉，严重时整叶布满白粉（图3-34）。发病后期，白色粉斑因菌丝老熟变为灰色，病叶黄枯。有时病斑上长出成堆的黄褐色小粒点，后变黑，即病原菌的闭囊壳。

图3-34　黄瓜白粉病叶片为害状

2. 防治措施。

（1）农业防治。①选用抗病品种。②注意通风透光，合理用水，降低空气湿度。③施足底肥，增施磷钾肥，培育壮苗，增强植株抗病能力。

（2）药剂防治。每亩用25%嘧菌酯悬浮剂34克，或用50%苯氧菊酯干悬浮剂17克，或用50%烯酰吗啉可湿性粉剂60克交替对水均匀喷雾。间隔7~10天，视病情防治2~3次。

（五）黄瓜枯萎病

1. 症状特征

幼苗发病，子叶萎蔫，胚茎基部呈褐色水渍状软腐，潮湿时长出白色菌丝，猝倒枯死。成株开花结瓜后陆续发病，开始阶段中午植株常出现萎蔫，早晚恢复正常，逐渐发展为不能恢复，最后枯死。病株茎基部呈水渍状缢缩，主蔓呈水渍状纵裂，维管束变成褐色，湿度大时病部常长有粉红色和白色霉状物，植株自下而上变黄枯死。

2. 防治措施

（1）农业防治。①选用抗病品种。②与非瓜类作物进行 2 年以上轮作。③嫁接防病。

（2）药剂防治。定植时，每亩用 50% 多菌灵可湿性粉剂 4 千克拌细土撒入定植穴内。发病初期，可选用 50% 多菌灵可湿性粉剂 500 倍液、70% 甲基硫菌灵可湿性粉剂 400 倍液，每株 250 毫升药液灌根，5~7 天一次，连灌 2~3 次。

（六）番茄早疫病

1. 症状特征

番茄早疫病或称轮纹斑病，主要为害叶片，也可为害茎部和果实。叶斑多呈近圆形至椭圆形，灰褐色，斑面具深褐色同心轮纹，斑外围具有黄色晕圈，有时多个病斑连合成大型不规则病斑。潮湿时斑面长出黑色霉状物（图 3-35）。茎部病斑多见于茎部分枝处，初呈暗褐色菱形或椭圆形病斑，扩大后稍凹陷亦具有同心轮纹和黑霉。果实受害多从果蒂附近开始，出现椭圆形黑色稍凹陷病斑，斑面长出黑霉，病部变硬，果实易开裂，提早变红。

2. 防治措施

（1）农业防治。①选用抗病品种。②合理轮作。与非茄科作物实行 3 年以上轮作。③加强田间管理。实行高垄栽培，合理施肥，定植缓苗后要及时封垄，促进新根发生；温室内要控制好温度和湿度，加强通风透光管理；结果期要定期摘除下部病叶，深埋或烧毁，以减少传病的机会。

（2）药剂防治。①定植前土壤消毒，结合翻耕，每亩撒施

图 3-35　番茄早疫病叶片为害状

70%甲霜·锰锌可湿性粉剂 2.5 千克，杀灭土壤中的残留病菌。②定植后，用 1∶1∶200 等量式波尔多液喷雾预防病害发生，隔 10～15 天喷洒 1 次。③发病初期，每亩可用 25%嘧菌酯悬浮剂 40 克，或用 52.5%恶酮·霜脲氰可湿性粉剂 40 克对水均匀喷雾，间隔 7～10 天，视病情防治 3～4 次。

（七）番茄叶霉病

叶霉病是温室大棚种植番茄的主要病害，分布广泛，发生普遍。

1. 症状特征

此病主要为害叶片，严重时也为害茎、果、花。叶片被害时叶背面出现不规则或椭圆形淡黄或淡绿色的褪绿斑，初生白色霉层，后变成灰褐色或黑褐色绒状霉层（图 3-36）。叶片正面淡黄色，边缘不明显，严重时病叶干枯卷曲而死亡。病株下部叶片先发病，逐渐向上部叶片蔓延。严重时可引起全株叶片卷曲。果实染病，从蒂部向四周扩展，果面形成黑色或不规则形斑块，硬化凹陷。

图3-36 番茄叶霉病叶片背面为害状

2. 防治措施

（1）农业防治。①合理轮作。与瓜类或其他蔬菜进行3年以上轮作。②加强棚内温湿度管理，适时通风，适当控制浇水，浇水后及时通风降湿，连阴雨天和发病后控制灌水。③合理密植，及时整枝打杈，以利通风透光。④实施配方施肥，避免氮肥过多，适当增加磷、钾肥。

（2）药剂防治。①温室消毒。栽苗前，每亩用45%百菌清烟剂200~300克熏闷，进行室内和表土消毒。②发病初期，可选10%苯醚甲环唑可湿性粉剂1 500~2000倍液，或用2%武夷菌素水剂500倍液，或用250克/升嘧菌酯悬浮剂800~1 000倍液交替使用，间隔7~10天，视病情防治3~4次。如遇阴雨雪天气，每亩可用45%百菌清烟熏剂1千克烟熏，每7~10天烟熏1次，可与喷雾剂交替使用。

（八）番茄黄化曲叶病毒病

1. 症状特征

番茄黄化曲叶病毒病是一种毁灭性病害。发生初期主要表现为上部叶片黄化（叶脉间叶肉发黄），叶片边缘上卷，叶片变小，叶尖向上或向下扭曲，植株生长变缓或停滞，节间缩短，明显矮化；后期有些叶片变形焦枯，心叶出现黄绿不均斑块，且有凹凸不平的皱缩或变形，严重时叶片变小，果实变小（图3-37）。

图3-37　番茄黄化曲叶病毒病整株为害状

2. 防治措施

（1）农业防治。①选用抗病品种。大果型品种抗病性明显。②购买健康植株，防止种苗传毒。

（2）药剂防治。防治烟粉虱，预防病毒病的发生。用10%吡虫啉可湿性粉剂1 000倍液，或用3%啶虫脒乳油2 000倍液，或用20%噻嗪酮可湿性粉剂1 500倍液喷雾防治烟粉虱。配合利用10%异丙威烟剂，每亩500克熏棚，可杀死。

（3）物理防治。①采用50~60目防虫网覆盖栽培，防止烟粉虱进入温室内传播病毒。②采用黄板诱杀技术诱杀烟粉虱成虫。在植株上方20厘米处挂黄色诱虫板，每亩挂25~30块。

（九）辣椒炭疽病

炭疽病是辣椒的一种常见病害，各地普遍发生，通常减产20%~30%，严重地区也有减产50%以上的。叶、果均可能受害。

1. 症状特征

发病初期叶片上出现水浸状褪绿斑，渐渐变成圆形病斑，中央灰白色，长有轮纹状黑色小点，边缘褐色。生长后期为害果实，成熟果受害较重，病斑长圆形或不规则形，褐色，水浸状，病部凹陷，上面常有不规则形隆起轮纹，密生黑色小点，空气湿度高时，边缘出现浸润圈。环境干燥时，病部组织失水变薄，很容易破裂（图3-38）。茎及果梗受害，病斑褐色凹陷，呈不规则形，表皮易破裂。

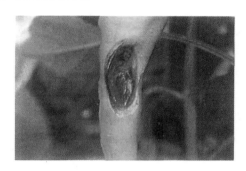

图3-38　辣椒炭疽病果实为害状

2. 防治措施

（1）农业防治。①选种抗病品种。②合理轮作。实行2~3年以上轮作，前茬最好是瓜类蔬菜或豆类蔬菜。③加强栽培管理。定植前深翻土地，多施优质腐熟有机肥，增施磷、钾肥；避免栽植过密，采用高畦栽培、地膜覆盖。④适时采收，发现病果及时摘除。

（2）药剂防治。①药剂拌种：用2.5%咯菌腈悬浮种衣剂10毫升加水150毫升，混匀后可拌种5千克，包衣后播种。②喷雾防治：发病初期，可用50%咪鲜胺乳油1 000~1 500倍液，或用80%代森锰锌可湿性粉剂600~800倍液，或用75%百菌清可湿性粉剂 1 000 倍液，或用 50% 多菌灵可湿性粉剂 500 倍液均匀喷雾。间隔 7~10 天，视病情防治 2~3 次。

（3）生物防治。温汤浸种。用 55℃温水浸种 10 分钟，转冷水冷却，催芽播种；或先在清水中浸 6~15 小时，再用 1% 硫酸铜液浸 5 分钟，拌草木灰中和酸性后再行播种。

（十）辣椒病毒病

病毒病为辣椒重要病害，分布广泛，发生普遍。一般减产 30% 左右，严重的高达 60% 以上，甚至绝产。

1. 症状特征

常见症状有花叶、畸形和丛簇、条斑坏死等。花叶型病叶出现浓绿与淡绿相间的斑驳，叶片皱缩，易脆裂，或产生褐色坏死斑。叶片畸形和丛簇型，在初发时心叶叶脉褪绿，逐渐形成浓淡相间的斑驳，叶片皱缩变厚，并产生大型黄褐色坏死斑。叶缘上卷，幼叶狭窄如线状，病株明显矮化，节间缩短，上部叶呈丛簇状（图 3-39）。果实感病后出现黄绿色镶嵌花斑，有疣状突起，果实凹凸不平或形成褐色坏死斑，果实变小，畸形，易脱落。条斑坏死型的叶片主脉出现黑褐色坏死，病情沿叶柄扩展到枝、主茎及生长点，出现系统坏死性条斑，植株明显矮化，造成落叶、落花、落果。

2. 防治措施

（1）农业防治。①选用抗耐病品种。种子用 10% 磷酸钠溶液浸泡 20~30 分钟后洗净催芽。②施足底肥，采用地膜覆盖栽培，适时播种，培育壮苗。③生长期加强管理，高温季节勤浇小水。④夏季种植采用遮阳网覆盖，或与高秆遮阴作物间作，改善田间小气候。

（2）药剂防治。①防治蚜虫预防病毒病。见蔬菜蚜虫防治措施。②喷雾防治病毒病。可用 20% 吗胍·乙酸铜可湿性粉剂 500 倍液，或用 0.5% 菇类蛋白多糖水剂 400 倍液均匀喷雾防治。

图 3-39 辣椒病毒病为害状

（十一）菜豆细菌性疫病

1. 症状特征

主要侵染叶和豆荚，也侵染茎蔓和种子。带菌种子出苗后，子叶呈棕褐色溃疡斑，或在着生小叶的节上及第二片叶柄基部产生水浸状斑，扩大后为红褐色溃疡斑，病斑绕茎扩展，幼苗即折断干枯；成株期，叶片染病，始于叶尖或叶缘，初呈暗绿色油渍状小斑点，后扩展为不规则形褐斑，病组织变薄近透明，周围有黄色晕圈，发病重的病斑连合，终致全叶变黑枯凋或扭曲畸形（图 3-40）。茎蔓染病，生红褐色溃疡状条斑，稍凹陷，绕茎一周后，致上部茎叶枯萎。豆荚染病，初也生暗绿色油渍状小斑，后扩大为稍凹陷的圆形至不规则形褐斑，严重时豆荚皱缩。种子染病，种皮皱缩或产生黑色凹陷斑。

2. 防治措施

（1）农业防治。①收获后彻底清除病残体，集中销毁，并深翻、晒土晾地，减少越冬病菌。②加强栽培管理。避免田间湿度过大，减少田间结露的条件。

（2）药剂防治。①种子消毒：用 55℃ 恒温水浸种 15 分钟捞出后移入冷水中冷却，或用种子重 0.3% 的 50% 福美双可湿性粉

图3-40　菜豆细菌性疫病叶片为害状

剂拌种，或用72%农用硫酸链霉素可溶性粉剂500倍液浸种24小时。②发病初期，用77%氢氧化铜可湿性粉剂500倍液，或用20%噻菌铜悬浮液600倍液，或用30%琥胶肥酸铜可湿性粉剂500倍液，或用72%农用硫酸链霉素可溶性粉剂3 000~4 000倍液均匀喷雾防治。间隔7~10天，视病情防治2~3次。

（十二）白菜霜霉病

白菜霜霉病在全国各地普遍发生，是白菜三大病害之一。

1. 症状特征

此病主要为害叶片，也能为害植株茎、花梗和种荚，整个生育期均可发病。大白菜莲座期叶片外叶开始染病，发病初期叶片背面出现淡绿色水渍状斑点，后扩大成黄褐色，病斑受叶脉阻隔成多角形，潮湿时叶片背面生白色霜霉状物（图3-41）。大白菜进入包心期后病情加速，从外叶向内发展，严重时脱落。留种植株发病，花梗肥肿、弯曲畸形、花瓣变绿，不易脱落，可长出白色霉状物，导致结实不良。

2. 防治措施

（1）农业防治。①选择抗病品种。②重病地与非十字花科蔬菜轮作 2 年以上。③加强栽培管理。提倡深沟高畦，密度适宜，及时清理水沟，保持排灌畅通；施足有机肥，适当增施磷、钾肥。

（2）药剂防治。发病初期，每亩用 25% 嘧菌酯悬浮剂 30 毫升或 50% 烯酰吗啉可湿性粉剂 40 克对水均匀喷雾。间隔 7～10 天，视病情防治 2～3 次。

图 3-41　白菜霜霉病叶片背面为害状

（十三）白菜软腐病

1. 症状特征

常见症状是在植株外叶上，叶柄基部与根茎交界处先发病，初呈水渍状，后变灰褐色腐烂，病叶瘫倒露出叶球，俗称"脱帮子"，并伴有恶臭；另一种常见症状是病菌先从菜心基部开始侵入引起发病，而植株外生长正常，心叶逐渐向外腐烂发展，充满黄色黏液，病株用手一拨即起，俗称"烂疙瘩"，湿度大时腐烂并发出恶臭（图 3-42）。

2. 防治措施

（1）农业防治。①选用抗病品种。②避免与十字花科、葫芦科、茄科蔬菜连作。③播种前 2～3 周深翻晒垄，促进病残体腐烂分解。④加强栽培管理。选择地势高、地下水位低和比较肥沃的地种植；适期晚播，高垄栽培；增施有机圈肥；发现病株及时拔除，并用生石灰消毒。

（2）药剂防治。发病初期，每亩用46.1%氢氧化铜水分散粒剂20克或47%春雷霉素·王铜可湿性粉剂80克对水均匀喷雾。间隔7~10天，视病情防治2~3次。

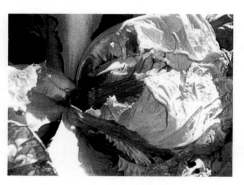

图3-42　大白菜软腐病为害状

（十四）蔬菜蚜虫

常见的蔬菜蚜虫有桃蚜、萝卜蚜和甘蓝蚜三种。

1. 为害特征

萝卜蚜、甘蓝蚜主要为害十字花科蔬菜，前者喜食叶面毛多而蜡质少的蔬菜，如白菜、萝卜，后者偏食叶面光滑、蜡质多的蔬菜，如甘蓝、花椰菜。桃蚜除了为害十字花科蔬菜外，还为害番茄、马铃薯、辣椒、菠菜等蔬菜。菜蚜成蚜和若蚜群集在寄主嫩叶背面、嫩茎和嫩尖上刺吸汁液，造成叶片卷缩变形，影响包心，大量分泌蜜露污染蔬菜，诱发煤污病，影响叶片光合作用（图3-43）。同时为害留种植株嫩茎叶、花梗及嫩荚，使之不能正常抽薹、开花、结实。此外，蚜虫还传播多种病毒病，造成的为害远远大于蚜害本身。

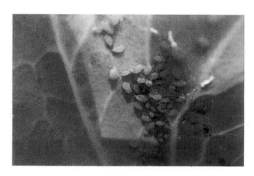

图3-43　菜蚜为害状

2. 防治措施

（1）物理防治。①银灰膜避蚜。苗床四周铺宽约 15 厘米的银灰色薄膜，苗床上方挂银灰薄膜条，可避蚜，防病毒病。在菜田间隔铺设银灰膜条，可减少有翅蚜迁入传毒。②黄板诱杀。棚室内设置涂有黏着剂的黄板诱杀蚜虫。黄板规格 30 厘米×20 厘米，悬挂于植株上方 10~15 厘米处，每亩 20~30 块。

（2）药剂防治。①每亩用 3% 除虫菊素微囊悬浮剂 20 克、10% 吡虫啉可湿性粉剂 30 克，或用 25% 噻虫嗪水分散粒剂 3 克，或用 15% 哒螨灵乳油 15~20 毫升，或用 5% 啶虫脒乳油 15~20 毫升对水均匀喷雾，间隔 10~15 天，视虫情防治 2~3 次。②保护地可选用灭蚜烟剂，每亩用 400~500 克，分散放 4~5 堆，用暗火点燃，冒烟后密闭 3 小时，杀蚜效果在 90% 以上。

（十五）红蜘蛛

红蜘蛛是为害蔬菜的红色叶螨的统称，是包括朱砂叶螨、截形叶螨的复合种群。各地均有分布，以朱砂叶螨和截形叶螨为害最重。前者主要为害瓜类，后者主要为害茄子、豆类等蔬菜。

1. 为害特征

成螨和若螨群集叶背，常结丝网，吸食汁液。被害叶片初时出现白色小斑点，后褪绿为黄白色。严重时锈褐色，似火烧状，俗称"火龙"。被害叶片最后枯焦脱落，甚至整株枯死（图3-44）。茄果受害后，果实僵硬，果皮粗糙，呈灰白色。

图 3-44 叶螨为害状

2. 防治措施

（1）农业防治。①从早春起不断清除田间、地头、渠边杂草，可显著抑制其发生。②收获后，彻底清除田间残枝落叶、减少越冬螨源。秋季深翻菜地，破坏其越冬场所。③合理灌溉，适当施用氮肥，增施磷肥，促进蔬菜健壮生长，提高抗螨能力。

（2）药剂防治。可用15%哒螨灵乳油1 500倍液，或2%阿维菌素乳油3 000~4 000倍液均匀喷雾防治。用药间隔7~10天，视虫情防治1~3次。

（十六）菜粉蝶

菜粉蝶，属鳞翅目，粉蝶科，幼虫称菜青虫。

1. 为害特征

以幼虫食叶为害。2龄前只能啃食叶肉，留下一层透明的表皮；3龄后可食整个叶片，轻则虫口累累，重则仅剩叶脉，影响植株生长发育和包心，造成减产。此外，虫粪污染花菜球茎，降低商品价值（图3-45）。在白菜上，虫口还能导致软腐病。

图3-45 菜粉蝶幼虫为害大白菜叶片状

2. 防治措施

（1）农业防治。清洁田园，收获后及时处理残株、老叶和杂草，减少虫源。耕地细耙，减少越冬虫源。

（2）药剂防治。参考菜蛾防治。

（3）生物防治。可用苏云金杆菌乳剂500~800倍液均匀喷雾防治。

（十七）美洲斑潜蝇

美洲斑潜蝇，属双翅目，潜蝇科，主要为害黄瓜、西葫芦、辣椒、番茄、马铃薯、茄子、菜豆、豇豆、蚕豆、豌豆，以及萝卜、白菜、芹菜等多种蔬菜。

1. 为害特征

幼虫、成虫均可为害。幼虫钻入叶片取食叶肉组织，形成的潜道通常为白色，带湿黑或干褐区域，典型的蛇形，盘绕紧密，形状不规则（图3-46）。成虫产卵、取食也造成伤斑，严重时叶片脱落。叶菜类被害不能食用。同时，虫体活动还能传播病毒，叶片被害留下的伤口也为一些病菌的侵入提供条件。

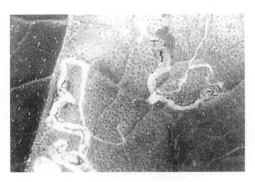

图 3-46　美洲斑潜蝇为害状

2. 防治措施

（1）农业防治。收获后及时清除寄主残体，夏季大棚蔬菜换茬时灌水高温闷棚 5 天以上，减少虫源。

（2）药剂防治。在成虫高峰期至卵孵化盛期或低龄幼虫高峰期中，瓜类、茄果类、豆类蔬菜某叶片有幼虫 5 头、幼虫 2 龄前、虫道很小时，用 2% 阿维菌素乳油 3 000～4 000 倍液，或用 4.5% 高效氯氰菊酯乳油 1 500 倍液喷雾防治。

（3）物理防治。黄板诱杀。在成虫发生盛期，每亩设置黄板 20～30 块。

七、马铃薯主要病虫害识别与防治

马铃薯（学名：*Solanum tuberosum*），属茄科多年生草本植物，块茎可供食用，是全球第四大重要的粮食作物，仅次于小麦、稻谷和玉米。在我国也是四大主粮作物之一。

中国是世界马铃薯总产最多的国家。和番茄类似，马铃薯的病害也较为繁多，据统计超过 300 种，常见的造成重大为害的有十余种。

（一）马铃薯早疫病

1. 为害特征

主要为害叶片，也可为害块茎，多从下部老叶开始。

叶片受害：初期有一些零星的褐色小斑点，后扩大，呈不规则形，同心轮纹，周围有狭窄的褪色环晕；潮湿时斑面出现黑霉；严重时，连合成黑色斑块，叶片干枯脱落（图3-47）。

图3-47　马铃薯早疫病危害症状

块茎受害：块茎表面出现暗褐色近圆形至不定形、稍凹陷、病斑，边缘明显，病斑下薯肉组织变成褐色干腐。

2. 防治方法

（1）选种早熟耐病品种；与非茄科作物轮作2年以上；选择地势高、土壤肥沃的地方种植；增施磷、钾肥，提高植株长势；合理密植，保持通风透气；及时清除田间病残枝，减少病源。

（2）发病初期，可选用下列药剂进行防治：代森锰锌、代森锌、苯醚甲环唑、肟菌·戊唑醇、嘧菌酯或吡唑醚菌酯。

（二）马铃薯尾孢菌叶斑病

1. 为害特征

主要为害叶片和地上部茎，块茎未见发病。初生黄色至浅褐色圆形病斑，扩展后为黄褐色不规则斑，有的叶斑不太明显；潮湿时，叶背现致密的灰色霉层，即病原菌的分生孢子梗和分生孢子（图3-48）。

图3-48　马铃薯尾孢菌叶斑病危害症状

2.防治方法

（1）收获后进行深耕；实行轮作。

（2）发病初期，选择喷洒以下药剂：50%多菌灵+万霉灵可湿性粉剂1 000~1 500倍液，或用75%百菌清可湿性粉剂600倍液，或用30%碱式硫酸铜悬浮剂400倍液，隔7~10天1次，连续防治2~3次。

（三）马铃薯炭疽病

1.为害特征

严重时可造成部分植株坏死干枯和引起根茎腐烂。

叶片染病：发病初期叶色变淡（图3-49），顶端叶片稍反卷（图3-50），后全株萎蔫变褐枯死。

地下根部染病：从地面至薯块的皮层组织腐朽，易剥落，侧根局部变褐，须很坏死，病株易拔出。

茎部染病：生许多灰色小粒点，茎基部空腔内长很多黑色粒状菌核。

图 3-49 初期叶片变淡 　　图 3-50 顶端叶片反卷

2. 防治方法

（1）实行轮作；及时清除田间病残体；加强田间肥水管理，避免高温高湿条件出现。

（2）发病初期，可采用下列药剂进行防治：嘧菌酯，苯醚甲环唑，或用三氯异氰尿酸。

（四）马铃薯晚疫病

1. 为害特征

多从下部叶片叶尖或叶缘开始。

叶片受害：叶尖或叶缘产生水渍状、绿褐色小斑点，边缘有灰绿色晕环；湿度大时外缘出现一圈白霉，叶背更明显；干燥时病部变褐干枯，如薄纸状，质脆易裂。

块茎受害：表面出现黑褐色大斑块，皮下薯肉亦呈红褐色，逐渐扩大腐烂。叶柄受害：形成褐色条斑；潮湿时有白色霉层；严重时叶片萎垂、卷曲，全株黑腐（图 3-51）。

2. 防治方法

（1）选种抗耐病品种；选择地势高、土壤肥沃的地方种植；

图3-51　马铃薯晚疫病为害症状

增施磷、钾肥，提高植株长势；合理密植，保持通风透气；及时清除田间病残枝；建立无病留种地，或脱毒种薯，减少病源。

（2）发病初期，可选用下列药剂进行防治：代森锌，代森锰锌，烯酰吗啉，霜脲氰，氰霜唑，唑醚菌胺或氟啶胺。

八、谷子主要病虫害防治方法

大面积种植稻谷难免会有病虫害的发生，若不及时防治就会导致谷子大面积减产。

（一）谷子白发病

1. 为害特征

幼苗被害后叶表变黄，叶背有灰白色霉状物，称为灰背。旗叶期被害株顶端三、四片叶变黄，并有灰白色霉状物，称为白尖。此后叶组织坏死，只剩下叶脉，呈头发状，故叫白发病。病株穗呈畸形，粒变成针状，称刺猬头（图3-52）。

2. 谷子白发病防治方法

（1）轮作。实行3年以上轮作倒茬。

（2）拔除病株。在黄褐色粉末从病叶和病穗上散出前拔除病株。

（3）药剂拌种。50%萎锈灵粉剂，每50千克谷种用药350

图3-52　谷子白发病症状

克。也可用 50% 多菌灵可湿性粉剂、每 50 千克谷种用药 150 克。

（二）谷子锈病

1. 为害特征

谷子抽穗后的灌浆期，在叶片两面，特别是背面散生大量红褐色的圆形或椭圆形的斑点，可散出黄褐色粉状孢子，像铁锈一样，是锈病的典型症状，发生严重时可使叶片枯死（图3-53）。

2. 防治方法

当病叶率达 1%~5% 时，可用 15% 的粉锈宁可湿性粉剂 600 倍液进行第一次喷药，隔 7~10 天后酌情进行第二次喷药。

（三）谷瘟病

1. 为害特征

叶片典型病斑为梭形，中央灰白或灰褐色，叶缘深褐色，潮湿时叶背面发生灰霉状物，穗茎为害严重时变成死穗（图3-54）。

图 3-53 谷子锈病危害特征

图 3-54 谷瘟病危害特征

2. 防治方法

叶面喷药防治。发病初期田间喷 65%代森锌 500~600 倍液，或用甲基托布津 200~300 倍液喷施叶面防治。

（四）粟灰螟

1. 为害特征

粟灰螟属鳞翅目螟蛾科，又名谷子钻心虫，是谷子上的主要害虫，以幼虫钻蛀谷子茎基部，苗期造成枯心苗，拔节期钻蛀茎基部造成倒折，穗期受害遇风易折到造成瘪穗和秕粒。

发生规律：粟灰螟在河北省一年发生三代，越冬幼虫于4月下旬至5月初化蛹，5月下旬成虫盛发，5月下旬至6月初进入产卵盛期，5月下旬至6月中旬为一代幼虫为害盛期，7月中下旬为二代幼虫为害期。三代产卵盛期为7月下旬，幼虫为害期8月中旬至9月上旬，以老熟幼虫越冬（图3-55）。

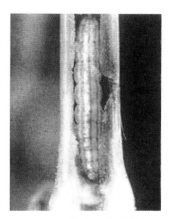

图 3-55　粟灰螟危害特征

2. 粟灰螟的防治方法

防治方法：当每1 000株谷苗有卵2块，用80%敌敌畏乳油100毫升，加少量水后与20千克细土拌匀，撒在谷苗根际，形成药带，也可使用5%甲维盐水分散粒剂2 500倍液、2.5%天王星乳油2 000~3 000倍液、4.5%高效氯氰菊酯乳油1 500倍液、1.8%阿维菌素1 500倍液或1%甲胺基阿维菌素2 000倍液等药剂防治，重点对谷子茎基部喷雾。

（五）黏虫

1. 为害特征

咬食作物的茎叶及穗，把叶吃成缺刻或只留下叶脉，或是把嫩茎或籽粒咬断吃掉（图 3-56）。

图 3-56　黏虫为害特征

2. 防治方法

DDV 熏蒸法，每亩用 80%DDV，0.25~0.5 千克对水 0.5~1 千克拌谷糠、锯末等 2.5~3 千克，于晴天无风的傍晚均匀撒于谷田即可。喷雾法选用 2.5%的功夫、氯氰菊酯对水喷雾，90% 的万灵、Bt 乳剂等农药进行防治，但施药期要提前 2~3 天。

九、大豆主要病虫害防治方法

（一）大豆紫斑病

大豆紫斑病是大豆种植过程中常见的病害，主要为害大豆的豆荚、豆粒、叶片和根茎，其中重点为害大豆的种子，严重影响其质量，为害甚大。

1. 症状

大豆紫斑病主要为害豆荚和豆粒，也为害叶和茎。苗期染病，子叶上产生褐色至赤褐色圆形斑，云纹状。真叶染病初生紫色圆形小点，散生，扩展后形成多角形褐色或浅灰色斑。茎秆染病形成长条状或梭形红褐色斑，严重的整个茎秆变成黑紫色，上生稀疏的灰黑色霉层（图3-57）。

图3-57　大豆紫斑病

2. 发病规律

病菌以菌丝体潜伏在种皮内或以菌丝体和分生孢子在病残体上越冬，成为翌年的初侵染源。如大豆带菌种子，引起子叶发病，病苗或叶片上产生的分生孢子借风雨传播进行初侵染和再侵染。大豆开花期和结荚期多雨气温偏高，均温25.5~27℃，发病重；高于或低于这个温度范围发病轻或不发病。连作地及早熟种发病重。

3. 防治措施

（1）选用抗病品种，生产上抗病毒病的品种较抗紫斑病。如黑龙江41号、铁丰19、楚秀、华春18、丰地黄、跃进2号、3号、徐州424、沛县大白角、京黄3号、小寒王、中黄4号、长农7号、科黄2号、文丰3号、5号、丰收15、九农5号、9号、牛尾黄、西农65（9）等。

（2）播种前用种子重量0.3%的50%福美双+50%克菌丹可

湿性粉剂拌种。

（3）剔除带病种子，适时播种，合理密植。

（4）与禾本科或其他非寄主植物进行 2 年以上的轮作。

（5）加强田间管理，注意清沟排湿，防止田间湿度过大。

（6）大豆收获后及时清除田间病残体，深翻土地，减少初侵染源。

（7）开花始期、蕾期、结荚期、嫩荚期是防治紫斑病的关键时期。可喷施下列药剂：50%多菌灵可湿性粉剂 800 倍液 + 65%代森锌可湿性粉剂 600 倍液；70%甲基硫菌灵可湿性粉剂 800 倍液 + 80%代森锰锌可湿性粉剂 500～600 倍液；50%多菌灵·乙霉威可湿性粉剂 1 000 倍液；50%苯菌灵可湿性粉剂 2 000 倍液 + 70%丙森锌可湿性粉剂 800 倍液等，每亩喷药液 35～40 千克，均匀喷施。

（二）菜豆细菌性疫病

菜豆细菌性疫病病菌为细菌中的黄单胞杆菌。菌体短杆状，极生单鞭毛，有荚膜，不产生芽孢，革兰氏染色阴性，病菌发育适温为 30℃，最高温度为 38℃，致死温度为 50℃，10 分钟。

1. 症状

叶、茎、荚、种子等部位均可发病。叶上最初在叶的两面产生水渍状小斑点，扩大后呈不规则形，深褐色，边缘有黄色晕圈，干燥时似羊皮纸，半透明，质脆易破裂，最后全叶干枯，严重时似火烧状。茎上病斑红褐色，稍凹隐，长条形，后开裂。荚上病斑红褐色，凹陷，近圆形或不规则形。种子受害后种皮皱缩，有浅褐色凹陷的小斑。潮湿时叶、茎、荚的病斑上常有黄色粉状物（图 3-58）。

2. 发病规律

病菌主要在种子内越冬，还可随病残体在田间越冬，成为初侵染来源。带菌种子萌发后，病菌从子叶和生长点侵入，沿

图3-58 菜豆细菌性疫病

维管束向全株及种子内扩展，致使病株萎缩或枯萎。菌孢经风雨、昆虫传播，从植株的水孔、皮孔，伤口侵入，引起茎叶发病。高温、多雨、多雾、多露发病重，重茬种植，虫害严重，肥力不足，管理粗放病害加重。

3. 防治方法

（1）加强栽培管理。实行轮作，与葱、蒜类蔬菜轮作；施足有机底肥；清除病残体；高畦栽培。

（2）选用抗病品种。品种间抗病性有差异，一般蔓生种较矮生种抗病。

（3）种子消毒。选用无病种子是防病关键，可从无病地采种或用48℃温水浸种15分钟，或用种子重量0.3%的50%敌克松拌种。

（4）药剂防治。农用链霉素，新植霉素各200毫克/千克，20%DT杀菌剂300~400倍液，3%中生菌素600倍液，隔7~10天一次，连喷2~3次。

（三）大豆菌核病

大豆原产中国，中国各地均有栽培，亦广泛栽培于世界各地。大豆是中国重要粮食作物之一，已有五千年栽培历史，古称菽，中国东北为主产区，是一种其种子含有丰富植物蛋白质的作物。大豆最常用来做各种豆制品、榨取豆油、酿造酱油和提取蛋白质。豆渣或磨成粗粉的大豆也常用于禽畜饲料。

1. 病症

苗期染病茎基部褐变，呈水渍状，湿度大时长出棉絮状白色菌丝，后病部干缩呈黄褐色枯死，幼苗倒伏、死亡。成株期染病主要侵染大豆茎部，田间植株上部叶片变褐枯死。豆荚染病呈现水浸状不规则病斑，荚内外均可形成较茎内菌核稍小的菌核，可使荚内种子腐烂、干皱、无光泽，严重时导致荚内不能结粒（图3-59）。

图3-59 大豆菌核病

2. 防治方法

（1）选用耐病品种，排除种子中混杂的病菌核。

（2）合理轮作倒茬。大豆与禾本科作物轮作倒茬，可显著减少田间菌核的积累，避免重茬、迎茬。

（3）加强田间管理。收获后应及时深翻，及时清除和烧毁残茎以减少菌源。大豆封垅前注意及时中耕培土。注意平整土地，防止积水和水流传播。

（4）化学防治。菌核病病菌子囊盘发生期与大豆开花期的重叠盛期是菌核病的防治最佳期。喷施50%速克或40%菌核净可湿性粉剂1 000倍液；50%扑海因可湿性粉剂1 200倍液；可喷施50%多菌灵可湿性粉剂500倍液等。

第二节 主要农作物田间杂草识别与防治

农田杂草一般是指农田中非栽培的植物。广义地说，长错了地方的植物都可称之为杂草。从生态经济角度出发，在一定的条件下，凡害大于益的农田植物都可称为杂草，都应属于防除之列。

一、农田主要杂草的分类与识别

我国农田杂草约有580种，其中恶性杂草15种，主要杂草31种，区域性杂草23种。根据形态特征将杂草分为禾草类杂草、阔叶类杂草、莎草科杂草三类。

（一）禾草类杂草

禾草类杂草主要包括禾本科杂草。其特征为：茎圆或略扁，节和节间区别明显，节间中空，中鞘开张，常有叶舌。胚具1子叶，叶片狭窄而长，平行脉，叶无柄。如稗草（图3-60）、马唐（图3-61）、牛筋草（图3-62）、千金子（图3-63）、狗尾草（图3-64）、野燕麦（图3-65）、看麦娘（图3-66）、画眉草（图3-67）等。

（二）阔叶类杂草

阔叶类杂草包括所有的双子叶植物杂草及部分单子叶植物杂草。茎圆形或四棱形。叶片宽阔，叶有柄，网状叶脉，胚具2子叶。如藜（图3-68）、反枝苋（图3-69）、田旋花（图3-

图 3-60 稗草

图 3-61 马唐

图 3-62 牛筋草

图 3-63 千金子

图 3-64 狗尾草

图 3-65 野燕麦

图 3-66 看麦娘

图 3-67 画眉草

70)、苣荬菜（图 3-71）、苍耳（图 3-72）、鸭跖草（图 3-73）、猪殃殃（图 3-74）、荠菜（图 3-75）、马齿苋（图 3-76）、铁苋菜（图 3-77）等。

图 3-68　藜

图 3-69　反枝苋

图 3-70　田旋花

图 3-71　苣荬菜

图 3-72　苍耳

图 3-73　鸭跖草

图 3-74 猪殃殃

图 3-75 荠菜

图 3-76 马齿苋

图 3-77 铁苋菜

（三）莎草类杂草

莎草类杂草主要包括莎草科杂草。其特征为：茎二棱形或扁二棱形，无节和节间的区别，茎常实心。叶鞘不开张，无叶舌。胚具 1 子叶，叶片狭窄而长，平行脉，叶无柄。如香附子（图 3-78）、异形莎草（图 3-79）、陌上菜、节节菜等。

由于许多除草剂就是根据杂草的形态特征而获得选择性的，因而应用形态学分类可以较好地指导杂草的化学防治。

此外，按杂草的生活史，可将杂草分为一年生杂草，如马齿苋、铁苋菜等；二年生杂草，如野燕麦、看麦娘等；多年生杂草，如水莎草、小蓟（刺儿菜）等。

图 3-78 香附子　　　　　　　　图 3-79 异形莎草

二、农作物田间杂草防治

（一）麦田杂草防治

小麦田杂草有 30 多种。禾本科杂草主要有雀麦、野燕麦、节节麦、看麦娘等，阔叶类杂草主要有播娘蒿、荠菜、猪殃殃、藜、阿拉伯婆婆纳等。

（1）禾本科杂草防治。以看麦娘、日本看麦娘等禾本科杂草为主的小麦田，每亩用 69 克/升精恶唑禾草灵水乳剂（骠马）80~100 毫升，或用 15%炔草酯可湿性粉剂（麦极）20~40 克，或用 50 克/升唑啉·炔草酯乳油（大能）60~100 毫升，或用 50%异丙隆可湿性粉剂 150 克，对水均匀喷雾。

（2）阔叶杂草防治。以猪殃殃、荠菜等阔叶杂草为主的麦田，在冬前或早春每亩用 200 克/升氯氟吡氧乙酸乳油（使它隆）20~25 毫升，或用 200 克/升氯氟吡氧乙酸乳油（使它隆）20~25 毫升+20%二甲四氯水剂 150 毫升，或用 25%灭草松水剂 100~150 毫升+20%二甲四氯水剂 150 毫升+水喷雾防除。也可以选用 36%唑草·苯磺隆可湿性粉剂（奔腾），冬前杂草齐苗后每亩用 5~7.5 克，早春每亩用 7.5~10 克，对水均匀喷雾。此外，5.8%双氟·唑嘧胺悬浮剂（麦喜）对猪殃殃、麦家公、大巢菜、泽漆等大多数阔叶杂草茎叶处理效果好。

（二）玉米田杂草防治

玉米田杂草主要以禾本科杂草与阔叶杂草混生为主，其常见杂草有 30 多种，如马唐、狗尾草、牛筋草、稗、画眉草、藜、马齿苋、铁苋菜、小蓟、鸭跖草等。

（1）免耕玉米播前防除已出土杂草。每亩用 41%草甘膦水剂 150~250 毫升对水均匀喷洒杂草茎叶。

（2）播后苗前土壤处理。每亩用 33%二甲戊灵乳油 133~200 毫升，或 38%莠去津水悬浮剂 200~250 毫升对水均匀喷雾。

（3）苗后茎叶处理。玉米苗后 3~5 叶期，杂草 2~4 叶期施药。每亩用 100 克/升硝磺草酮悬浮剂 70~100 毫升，或 30%苯唑草酮悬浮剂（苞卫）5 毫升+90%莠去津水分散粒剂 70 克+专用助剂，对水均匀喷雾。

（三）水稻田杂草防治

全国稻田杂草有 200 多种，其中发生普遍、为害严重、最常见的杂草有 40 余种，如稗草、千金子、异型莎草、水莎草、陌上菜、节节菜、矮慈姑、鸭舌草、鲤肠等。

1. 水稻秧田杂草防除

在以稗草、千金子等杂草为主的稻田，在秧板平整后，于催至一籽半芽的稻种播种后 1~2 天，每亩用 30%丙草胺乳油 100 毫升，对水均匀喷雾；在稗草、千金子与莎草及其他阔叶杂草混合发生的田块，在秧板平整后用 40%苄嘧·丙草胺可湿性粉剂 60~80 克对水均匀喷雾。

2. 直播耕翻稻田杂草防除

采用二次化除法。

（1）第一次化除。在催芽稻播种后 2~3 天，每亩用 40%苄嘧·丙草胺可湿性粉剂 60 克，对水均匀喷雾。施药时要求秧板较平整，保持湿润。

（2）第二次化除。在第一次用药后 15～18 天，每亩选用 53%苯噻·苄可湿性粉剂 60 克制成 10 千克药肥或药土撒施，药后保水 3～5 天，防止暴雨后产生药害。

对部分重草田可视草情进行补除。补除方法为：①对稗草发生较多的田块，在稗草 2～3.5 叶期，每亩用 10%氰氟草酯水乳剂 50～60 毫升或 2.5%五氟磺草胺油悬浮剂 60 毫升。要求排水用药，隔天上水。②对千金子和稗草发生较多的田块，在杂草 2～3 叶期，每亩用 10%氰氟草酯水乳剂 60～80 克，对水均匀喷雾，药后 1～2 天复水。③对莎草和阔叶杂草较多的田块，可用 10%吡嘧磺隆可湿性粉剂 15～25 克，结合分蘖肥均匀撒施，并保持浅水层 5～7 天。④对水花生和阔叶杂草较多的田块可用 20%氯氟吡氧乙酸乳油（使它隆）50 毫升，对水均匀喷雾，排水喷药，隔天上水。⑤在搁田后莎草类杂草和阔叶杂草仍较多的田块，每亩可用 48%灭草松水剂 100 毫升和 13%二甲四氯水剂 100 毫升，对水均匀喷雾。施药时田间要排干水，施药后隔天上水。

3. 免耕直播稻田杂草防除

在播种前 3～5 天，用 10%草甘膦水剂 500～750 毫升，或 41%草甘膦水剂 150～200 毫升，对水均匀喷雾防除前茬杂草，后期的除草，可参照水直播耕翻稻田杂草防除技术。

4. 机插稻田杂草防除

采用二次化除法。

（1）第一次化除。耕地排田后或机插后第二天立即用药一次，即每亩用 35%苄嘧·丙草胺可湿性粉剂 100 克，或 40%苄嘧·丙草胺可湿性粉剂 90 克，对水均匀喷雾。

（2）第二次化除。在机插后 15 天必须用好第二次药。可用 53%苯噻·苄可湿性粉剂 60 克制成 10 千克药肥或药土撒施，药后保水 3～5 天（注意水不可淹没心叶）。

（四）棉田杂草防治

棉田禾本科杂草主要有：牛筋草、马唐、狗尾草、稗草、看麦娘、千金子等。阔叶杂草主要有：马齿苋、反枝苋、藜、铁苋菜、蒲公英、小蓟（刺儿菜）、田旋花等。莎草科杂草主要有香附子等。

1. 播种期化学除草

露地直播棉田，防除一年生单子叶杂草和小粒种子阔叶杂草，播后苗前每亩可用50%乙草胺乳油120~150毫升，注意不要超过200毫升，避免药害；或用72%异丙甲草胺乳油100~120毫升，或用48%氟乐灵乳油100~150毫升，或用33%二甲戊灵乳油130~150毫升，或用48%仲丁灵乳油150~200毫升，对水均匀喷雾处理土壤，喷施氟乐灵后要浅混土。防除阔叶类杂草为主的地块，在播后苗前每亩用25%恶草酮乳油100~125毫升，对水均匀喷雾处理土壤。地膜棉田用量可比露地直播棉酌减。土壤湿润是保证药效发挥的关键。

2. 苗期茎叶喷雾处理

杂草3~5叶期，每亩用10.8%高效氟吡甲禾灵乳油25~30毫升，或15%精吡氟禾草灵乳油35~50毫升，对水均匀喷雾处理。

（五）花生田杂草防治

花生田杂草有60多种，分属约24科。其中发生量较大、危害较重的杂草主要有马唐、狗尾草、稗草、牛筋草、狗牙根、画眉草、白茅、龙爪茅、虎尾草、青葙、反枝苋、凹头苋、灰绿藜、马齿苋、蒺藜、苍耳、小蓟（刺儿菜）、香附子、碎米莎草、龙葵、问荆和苘麻等。

1. 播后苗前土壤处理

覆膜栽培的花生田全是采用土壤处理剂。当花生播后，接着喷除草剂，然后立即覆膜。没有覆膜栽培的花生田，花生播种后，尚未出土，杂草萌动前处理即可。每亩用96%精异丙甲草胺乳油50~60毫升对水均匀喷雾，可防除花生、芝麻、棉花、大豆等作物的多种一年生杂草，如狗尾草、马唐、稗草、牛筋草等。

2. 苗后茎叶喷雾处理

施药时期：禾本科杂草在2~4叶期，阔叶杂草在株高5~10厘米为宜。以禾本科杂草为主的花生田，每亩用108克/升高效氟吡甲禾灵乳油25~35毫升对水均匀喷雾处理杂草茎叶；以阔叶杂草为主的花生田，每亩用15%精吡氟禾草灵乳油50~67毫升，或用75%氟磺胺草醚水分散粒剂20~26克对水均匀喷雾处理杂草茎叶；禾本科杂草与阔叶杂草混发的花生田，可以选择上述两类除草剂混用。

第四章　植保机械使用与维护

第一节　植保机械的概述

一、植保机械（施药机械）的种类

（一）按喷施农药的剂型和用途分类

分为喷雾机、喷粉机、喷烟（烟雾）机、撒粒机、拌种机、土壤消毒机等。

（二）按配套动力进行分类

分为人力植保机具、畜力植保机具、小型动力植保机具、大型机引或自走式植保机具、航空喷洒装置等。

（三）按操作、携带、运载方式分类

人力植保机具可分为手持式、手摇式、肩挂式、背负式、胸挂式、踏板式等；小型动力植保机具可分为担架式、背负式、手提式、手推车式等；大型动力植保机具可分为牵引式、悬挂式、自走式等。

（四）按施液量多少分类

可分为常量喷雾、低量喷雾、微量（超低量）喷雾。但施液量的划分尚无统一标准。

（五）按雾化方式分类

可分为液力喷雾机、气力喷雾机、热力喷雾（热力雾化的烟雾）机、离心喷雾机、静电喷雾机等。气力喷雾机起初常利用风机产生的高速气流雾化，雾滴尺寸可达 100 微米左右，称之为弥雾机；近年来又出现了利用高压气泵（往复式或回转式空气压缩机）产生的压缩空气进行雾化，由于药液出口处极高的气流速度，形成与烟雾尺寸相当的雾滴，称之为常温烟雾机或冷烟雾机。还有一种用于果园的风送喷雾机，用液泵将药液雾化成雾滴，然后用风机产生的大容量气流将雾滴送向靶标，使雾滴输送得更远，并改善了雾滴在枝叶丛中的穿透能力。

二、常用杀虫灯具及其他

（一）佳多频振式杀虫灯

佳多频振式杀虫灯可广泛用于农、林、蔬菜、烟草、仓储、酒业酿造、园林、果园、城镇绿化、水产养殖等，特别是被棉铃虫侵害的领域。可诱杀农、林、果树、蔬菜等多种害虫，主要有棉铃虫、金龟子、地老虎、玉米螟、吸果夜蛾、甜菜夜蛾、斜纹夜蛾、松毛虫、美国白蛾、天牛等 87 科 1 287 种害虫。据试验，平均每天每盏灯诱杀害虫几千头，高峰期可达上万头。降低落卵量达 70% 左右。诱杀成虫，效果显著。

由于佳频振式杀虫灯将害虫直接诱杀在成虫期，而不是像农药主要灭杀幼虫，大大提高了防治效果。同时又避免了害虫抗药性的发生和喷洒农药对害虫天敌的误杀，有的用户反映在前一年挂灯后，当年田里的害虫很少，而未挂灯的邻村田里则害虫成灾。

保护天敌，维护生态平衡：据试验，频振式杀虫灯的益害比为 1∶97.6，比高压汞灯（1∶36.7）低 62.4%，表明频振式杀虫灯对害虫天敌的伤害小，诱集害虫专一性强。频振式杀虫灯诱到的活成虫可以将其饲养产卵，作为寄主让寄生蜂寄生后放回大田，让天敌作为饲料，有利于大田天敌种群数量的增长，维护生态平衡。

减少环境污染，降低农药残留：频振式杀虫灯是通过物理方法诱杀害虫，与常规管理相比，每茬减少用药 2~3 次；大大减少农药用量，降低农药残留，提高农产品品质，减少对环境的污染，避免人畜中毒事件屡屡发生，适合无公害农产品的生产。不会使害虫产生任何抗性，并将害虫杀灭在对农作物的危害之前。具有较好的生态效益和社会效益。

控制面积大，投入成本低：每盏杀虫灯有效控制面积可达 30~60 亩，亩投入成本低，单灯功率 30 瓦，每晚耗电 0.5 度，仅为高压汞灯的 9.4%。如果全年开灯按 100 天计，每天 8~10 小时计，灯价、电费和其他设备费用，平均每亩投入成本仅为 5.2~6 元，一盏高压汞灯续使用 5~6 年，一次安灯，多年受益；一年如减少两次人工用药防治，以每台控制 60 亩面积计算可减少药本人工支出 1 500 元左右。

使用简单，操作方便：如果在果园或农田边的池塘里挂上频振式杀虫灯，就形成了一个良性生态链：杀虫灯杀灭害虫，害虫喂鱼，鱼拉粪便肥水，肥水淋施果、菜，既减轻了种养成本，又优化了生态环境。诱捕到的害虫没有农药和化学元素试剂的污染，是家禽、鱼、蛙优质的天然饲料，用于生态养殖，变废为宝，经济效益、生态效益、社会效益显著。

(二) 佳多牌自动虫情测报灯

随昼夜变化自动开闭，自动完成诱虫、收集、分装等系统作业，留有升级接口。设置了八位自动转换系统，可实现接虫器自动转换。如遇节假日等特殊情况，当天未能及时收虫，虫体可按天存放，从而减轻测报人员工作强度，节省工作时间；利用远红外快速处理虫体。与常规使用毒瓶（氰化钾、敌敌畏）

等毒杀昆虫相比，避免造成虫情测报人员的人体危害，减少环境污染；增设雨控装置，雨水自动排出箱外，避免雨水和昆虫的混淆；灯光引诱、远红外处理虫体、接虫器自动转换等功能使虫体新鲜、干燥、完整，利于昆虫种类鉴定，便于制作标本。

佳多牌自动虫情测报灯产品特点：

（1）采用不锈钢结构，利用光、电、数控技术。

（2）晚上自动开灯，白天自动关灯。减轻测报人员工作强度，节省工作时间。

（3）利用远红外处理虫体。与常规使用毒瓶（氰化钾、敌敌畏等）毒杀方式相比，不会危害测报工作者身体健康，避免有毒物质造成环境污染。

（4）接虫盆自动转换。如遇特殊情况，当天没有进行收虫，特设置八位自动转换系统，虫体按天存放。

（5）灯光引诱、远红外处理虫体等功能便于制作标本。

（6）设有雨控装置开关，将雨水自动排出。

（7）诱虫光源：20 瓦黑光灯管或 200 瓦白炽灯泡。

（8）电源电压：交流 220 伏。

（9）功耗：待机状态 ≤ 5 瓦工作状态 ≤ 300 瓦（平均功率）。

（三）佳多定量风流孢子捕捉仪

佳多定量风流孢子捕捉仪可检测农林作物生长区域内空气中的真菌孢子及花粉，主要用于监测病害孢子存量及其扩散动态，通过配套工具光电显微镜与计算机连接，显示、存储、编辑病菌图像，为预测和预防病害流行提供可靠数据，是农业植保和植物病理学研究部门必备的病害监测专用设备。也可根据用户需要增设时控、调速装置。

第二节　常用植保机械使用与维护技术

一、手动喷雾器

手动喷雾器是用手动方式产生压力来喷洒药液的施药机具，具有结构简单、使用方便、适应性广等特点。适用于水田、旱地及丘陵山区小地块种植小麦、玉米、棉花、蔬菜和果树等作物的病虫草害防治。通过改变喷片孔径大小，手动喷雾器既可作常量喷雾，也可作低容量喷雾。目前，我国手动喷雾器主要有背负式喷雾器、压缩喷雾器、单管喷雾器、吹雾器和踏板式喷雾器等。背负式喷雾器是由操作者背负，用摇杆操作液泵的液力喷雾器，是我国目前使用最广泛、生产量最大的一种手动喷雾器。传统机型为工农-16型，20世纪60年代开始生产使用，技术落后，制造工艺粗糙，跑冒滴漏严重。而卫士牌WS-16型手动喷雾器（图4-1）是山东卫士植保机械有限公司生产的一种新型喷雾器，与工农-16、长江-10型等喷雾器相比具有较突出的安全、防渗漏及应用范围广等特点。

使用与维护方法如下。

1. 装配药械

新药械使用前应仔细检查各部件安装是否正确和牢固。工农-16型等喷雾器上的新牛皮碗在安装前应浸入机油或动物油（忌用植物油），浸泡24小时。向泵筒中安装塞杆组件时，应注意将牛皮碗的一边斜放在泵筒内，然后使之旋转，将塞杆竖直，用另一只手帮助将皮碗边沿压入泵筒内就可顺利装入，切忌硬行塞入。

2. 喷杆、喷头选择及安装

卫士WS-16型喷雾器常用喷头有空心圆锥雾喷头（图4-

图 4-1　卫士牌 WS-16 型手动喷雾器

2）和扇形雾喷头（图4-3）等。喷施杀虫剂、杀菌剂用空心圆锥雾喷头；喷施除草剂、植物生长调节剂用扇形雾喷头。单喷头适用于作物生长前期或中、后期进行各种定向针对性喷雾、飘移性喷雾。双喷头适用于作物中、后期株顶定向喷雾。小横杆式三喷头、四喷头适用于蔬菜株顶定向喷雾。空心圆锥雾喷头有多种孔径的喷头片，大孔的流量大、雾滴较粗、喷雾角较大，小孔的相反，流量小、雾滴较细、喷雾角较小，可以根据喷雾作业的要求和作物的大小适当选用。

图 4-2　空心圆锥雾喷头

图 4-3　扇形雾喷头

3. 确定施药液量

根据所喷洒的农药种类、作物生长状态和病虫害种类等，确定采用常量喷雾还是低量喷雾以及单位农田面积上的施药液量，并选择适宜的喷孔片或喷头，确定相应的工作压力。如谷类作物的施药液量一般为 6.67~26.67 升/亩。

空心圆锥雾喷头喷孔片孔径（φ）大小有：0.7、1.0、1.3、1.6 毫米，在 0.3~0.4 兆帕压力下的参考喷量分别为：384 毫升/分钟、586 毫升/分钟、783 毫升/分钟和 950 毫升/分钟，应根据防治要求选择。孔径（φ）1.3~1.6 毫米喷片适合常量喷雾，亩施药液量在 40 升以上；孔径（φ）0.7 毫米喷片适宜低容量喷雾，亩施药量可降至 10 升左右。

二、背负式机动喷雾喷粉机

背负式机动喷雾喷粉机是由汽油机带动离心式风机产生高压、高速气流，把药液（粉）吹散喷向目标，其雾滴直径在 50~150 微米，可作低容量喷雾、超低容量喷雾，有的还能喷粉，一机多用。其喷幅宽、功效高。适用于大面积连片的单一作物田块、茶园和栽植不太高的果园、树木苗圃等的喷雾作业，而在作物种类复杂、种植和管理分散的小块农田中，尤其是靠近水域的小块农田上，不宜采用这类机具施药，否则，易产生农药雾滴飘移，导致药害和污染。主要机型有：3WF-18、3WFB-3、东方红-18 等 10 多种（图 4-4）。

（一）性能规格

外形尺寸一般为 330 毫米×451 毫米×680 毫米；药箱容量 10~12 升；整机净重 10~14 千克；配套动力 1.18~2.1 千瓦汽油机；风机转速 5 000~6 000 转/分钟；喷雾射程水平距离 7~12 米，垂直距离 7~10 米。

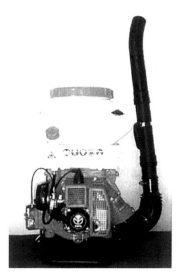

图 4-4 ＄ 3WF-18 型背负式机动喷雾喷粉机

（二）使用与维护

1. 启动

机器启动前药液开关应停在半闭位置，调整油门开关使汽油机高速稳定运转，开启手把开关后，人立即按预定速度和路线前进，严禁停留在一处喷洒，以防引起药害。

2. 作业

（1）行走路线的确定。行走路线根据风向而定，走向应与风向垂直或呈不小于45°的夹角，操作者应在上风向，喷射部件应在下风向。喷药时行走要匀速，不能忽快忽慢，防止重喷、漏喷。喷施时应采用侧向喷洒，即喷药人员背机前进时，手提喷管向侧面喷洒，一个喷幅接一个喷幅，向上风方向移动，使喷幅之间相连接区段的雾滴沉积有一定程度的重叠。操作时还应将喷口稍微向上仰起，并离开作物20~30厘米高，2米左右远（图4-5）。

第一喷幅喷完时，先关闭药液开关，减小油门，向上风向移动，行至第二喷幅时再加大油门，打开药液开关继续喷药。

（2）喷量调节。调整施液量除用行进速度来调节外，转动药液开关角度或选用不同的喷量档位也可调节喷量大小。

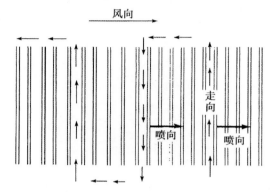

图4-5　背负式机动喷雾喷粉机田间喷雾作业示意

（3）喷幅调整。为保证药效，要调整好喷量、有效喷幅和步行速度三者之间的关系。其中有效喷幅与药效关系最密切，一般来说，有效喷幅小，喷出来的雾滴重叠累积比较多，分布比较均匀，药效更有保证。有效喷幅的大小要考虑风速的限制，还要考虑害虫的习性和作物结构状态。对钻蛀性害虫，要求雾滴分布愈均匀愈好，也就是要求有效喷幅窄一些好。例如防治棉铃虫，要使平展的棉叶上降落雾滴多而均匀，要求风小一些，有效喷幅窄一些，多采取8~10米喷幅。对活动性强的咀嚼式口器害虫如蝗虫等，就可在风速许可范围内尽可能加宽有效喷幅。例如，在沿海地区防治蝗虫时，在2米/秒以上风速情况下，喷头离地面1米，有效喷幅可取20米。

（4）喷雾作业。更换部件，使药械处于喷雾状态。宜采用针对性喷雾和飘移喷雾相结合的方式。

　　对大田作物喷药时，操作者手持喷管向下风侧喷雾，弯管向下，使喷管保持水平或有 5°~15° 仰角（仰角大小根据风速而定：风速大，仰角小些或呈水平；风速小，仰角大些），喷头离作物顶端高出 0.5 米。防治棉花伏蚜应根据棉花长势、结构，分别采取隔 2 行喷 3 行或隔 3 行喷 4 行的方式喷洒。一般在棉株高 0.7 米以下时采用隔 3 喷 4，高于 0.7 米时采用隔 2 喷 3，这样有效喷幅为 2.1~2.8 米。喷洒时把弯管向下，对着棉株中、上部喷，借助风机产生的风力把棉叶吹翻，以提高防治叶背面蚜虫的效果。每走一步就左右摆动喷管一次，使喷出的雾滴呈多次扇形累积沉积，提高雾滴覆盖均匀度。对灌木丛林喷药，例如对低矮的茶树喷药，可把喷管的弯管口朝下，防止雾滴向上飞散。对较高的果树和其他林木喷药可把弯管口朝上，使喷管与地面保持 60°~70° 的夹角，利用田间有上升气流时喷洒。高毒农药不能作超低量喷雾。

　　喷雾时雾滴直径为 125 微米，不易观察到雾滴，一般情况下，作物枝叶只要被喷管吹动，雾滴就可达到。

　　（5）喷粉作业。更换部件，使药械处于喷粉状态。关闭粉门和风门，添加粉剂。启动药械，调整油门使汽油机高速稳定运转。打开粉门操作手柄进行喷粉，调节粉门开度控制喷粉量。保护地温室喷粉时可采用退行对空喷撒法，当粉剂粒度很细时（≤5 微米），可站在棚室门口向里、向上喷洒。使用长薄膜管喷粉时，薄膜管上的小孔应向下或稍向后倾斜，薄膜管离地 1 米左右。操作时需两人平行前进，保持速度一致，并保持薄膜管有一定的紧度。前进中应随时抖动薄膜管。作物苗期不宜采用喷粉法。

　　3. 停机

　　先关闭药液开关，再关小油门，让机器低速运转 3~5 分钟再关闭油门。切忌突然停机。

4. 维护

喷雾机每天使用结束后，应倒出箱内残余药液或粉剂。喷粉时，每天要清洗化油器和空气滤清器。长薄膜管内不得存粉，拆卸之前空机运转 1~2 分钟，将长薄膜管内的残粉吹净。清除机器各处的灰尘、油污、药迹，并用清水清洗药箱和其他药剂接触的塑料件、橡胶件。检查各螺丝、螺母有无松动，工具是否齐全。保养后的背负机应放在干燥通风的室内，切勿靠近火源，避免与农药等腐蚀性物质放在一起。长期保存时还要按汽油机使用说明书的要求保养汽油机，对可能锈蚀的零件要涂上防锈黄油。

三、背负式电动喷雾器

背负式电动喷雾器运用蓄电池供电，驱动液泵工作，提供喷雾压力。体积小、操作方便、雾化压力稳定，同时具有省时、省力、药效高的特点。广泛适用于水稻、小麦、棉花、玉米、果树、温室大棚、葡萄、茶树及各种园艺作物等病虫害的防治。典型产品有今星系列 ESR-505、ESR-16A/18A，市下系列 SX-15D/18D 等（图4-6）。

（一）性能规格

以市下 SX-15D 为例，外形尺寸 400 毫米×195 毫米×570 毫米；整机净重 7.4 千克；药箱容量 15 升；工作压力 0.16~0.32 兆帕；喷量 0.7~1.7 升/分钟；微型隔膜泵，最大压力 0.4~0.45 兆帕；配单/双头圆锥雾喷头、扇形雾喷头和四孔可调喷雾喷头；12 伏、10 安培电池组，全封闭，免维护，最大连续喷洒时间达 9 小时；充电器输入 AC 为 100~240 伏 50/60 赫兹，输出 DC 为 12 伏、2 安培。

图 4-6　背负式电动喷雾器

（二）使用与维护

1. 充电

喷雾器在运输或存放过程中，会自动放电。要确保使用（尤其是首次使用）前蓄电池已充足电。较长时间使用后，若听到喷雾器内部有蜂鸣声或喷头雾化质量变差，说明蓄电池亏电，需要及时充电。充电时，将充电器放置在干燥、通风、离地 50 厘米高度以上的安全地方，直接将充电器插头连到喷雾器"充电"插座上即可。每次充电时间不少于 8 小时。喷雾器较长时间不用时，应每隔一二个月充电一次，保证蓄电池不亏电，延长蓄电池的使用寿命。

2. 药械装配

按说明书要求，正确安装喷洒部件，药箱中加入清水，打开电源开关，按下喷杆上的控制手柄试喷，检查有无渗漏和异常。严禁液泵无水运转，否则影响泵的隔膜寿命；严禁倒置喷雾器，否则会损毁蓄电池。

3. 喷头选用

扇形雾喷头适用于低矮作物地块的除草剂均匀喷洒，顺风方向，单侧平推作业。圆锥雾喷头用于杀虫剂喷洒，顺风方向，单侧摇摆作业。四孔可调喷头用于高秆作物或果树，农药损失较明显。

4. 施药作业

勿在环境温度超过45℃或低于-10℃的情况下使用喷雾器。开启电源开关及药液开关，开始施药；关闭药液开关，水泵自动减压回流；再开药液开关，水泵自动开始升压工作。作业后，彻底清洗喷雾器，以防止腐蚀、堵塞及药液残留的危害。喷雾器外部用湿布擦洗。内部加入适量清水、摇晃后，再打开电源喷出。

四、电动静电喷雾器

静电喷雾器是一种新型的植保机械，它是应用静电技术，在喷头与喷洒作物间建立起静电场，药液经喷头雾化后形成群体荷电雾滴，在静电场力的作用下，微细雾滴被强力吸附到作物叶片正面、反面和隐蔽部位，其雾滴沉积率高、散布均匀，飘逸散失少，具有杀虫效果好、节省农药、工效高、节能环保、省工省力、使用安全可靠等优点。但是静电喷雾器不同于传统的手动或电动喷雾器，使用方法有所不同，应加以注意才能充分发挥静电喷雾器的功效。常用机型有3JWB系列静电喷雾器（图4-7）。

（一）性能规格

一般静电喷雾器额定容量15升，雾滴直径40～150微米，喷液流量7～8升/小时，自带12伏可充电电池，静电电压20千伏，整机净重约4千克。

图 4-7　3JWB-15DB 静电喷雾器

（二）使用与维护

1. 充电

必须使用 220 伏交流电和相符的充电器对静电喷雾的电池充电。前 3 次充电每次不少于 10 小时，以后作业结束后每次充电时间约 7 小时。充电完毕应及时拔除充电插头。喷雾器长期不用，应每月充电一次。在喷淋作业中发现喷洒力减弱时，需立即关机对电池进行充电，不能将电池电力用尽，否则会严重影响电池寿命，甚至造成电池损坏。

2. 施药环境

雾天、雨天或相对湿度较大的环境，会影响静电吸附效果，不宜进行静电喷淋作业，可将喷雾器转为无静电喷淋方式。局部小环境相对湿度较大时（如大棚种植环境），可采取通风措施适当降低湿度，再进行静电喷淋，即可获得良好的效果。

3. 喷头选择

向前方或上方施药时，应使用直式可调式喷头。喷雾器作集束方式喷淋时，具有较大的穿透力和喷射距离，可直接对被喷淋物作业；喷雾器作弥雾方式喷淋时，调节喷头可获得不同的雾化效果，选择适用的雾化状态对被喷淋物作业。向下方施药时，应使用弯式喷头作弥雾式喷淋，将喷头置于作物上方30~50厘米，喷嘴向下，在选定的喷幅范围内作水平方向来回摆动。

4. 药剂选择

静电喷雾器的喷枪等零部件用 ABS 等塑料制成，必须注意防止使用对其产生腐蚀的药液。

5. 施药作业

开机时，施药者必须保持手握住静电喷雾器枪体扁圆部上金属片和阀把，使雾滴与作物之间形成静电场。喷洒作业中，由下风区向上风区进行，施药时走向要与风向垂直，呈"几"字形路线。要注意作业人员不能处于喷头的下风位置，避免喷出的药液吹向人体（图4-8）。作业完毕，应倒净剩余药液，再用清水经滤网倒入桶体内，喷雾 3~5 分钟，彻底清洗喷雾器。

图4-8　静电喷雾器在蔬菜大棚中的应用

6. 静电安全防护

开机后，严防喷头靠近人体和碰及其他物件，严禁触摸喷头部件，否则会出现"麻电"现象。操作时，操作人员不得与非操作人员有肌肤接触。关机后，应将喷头与作物接触一次，让剩余静电消除，以免使操作人员受到静电刺激。喷枪在不喷雾时必须搁挂在本机挂钩上，不要随便乱放。

7. 药械储存

喷雾器长期存放前，应用清洗液擦净并干燥，清洁时不可将底座、枪柄、喷头等喷雾器部件浸入水中洗刷，否则将损坏喷雾器。不得将静电喷雾器放置于对塑料件、金属件有腐蚀性的气体、液体和固体环境中。储存时应将喷雾器放置于防压、防潮、防晒的室内干燥环境，不得直接放置于地面。

五、热烟雾机

热烟雾机是一种新型植保机械，它利用热能将药液雾化成均匀、细小的烟雾微粒，能在空间弥漫、扩散，呈悬浮状态，对密闭空间内杀灭飞虫和消毒处理特别有效。它具有施药液量少、防效好、不用水等优点。适用于农作物、蔬菜大棚喷洒农药杀虫灭菌和叶面施肥，也可用于果园、园林、林业等。常用机型有 6HY18/20 烟雾机、金刚牌 6GY25 型烟雾机等（图 4-9）。

图 4-9 金刚牌 6GY25 型烟雾机

（一）性能规格

以金刚牌 6GY25 型为例，外形尺寸约 129 厘米×26 厘米×33 厘米，药箱容积 4 升，油箱容积 1.2 升，净重 7 千克，耗油量 1.3 升/小时，喷药量 25 升/小时。

（二）使用与维护

1. 作业要求

操作技术人员、指挥人员等应提前到达防治场地，进行全面查看，提前做好必要的防护措施，并根据病虫害发生的面积、地形、林木分布、常年风向及最近的气象预报等因素，确定操作人员的行走方向、行走路线和操作规则，以及施药后的药效检查等。宜于热烟雾机作业的气象条件为：风力小于 3 级时阴天的白天、夜晚，或晴天的傍晚至次日日出前后。晴天的白天，或风力 3 级及以上，或者下雨天均不宜喷烟作业，容易造成飘移危害和防治效果显著降低。

2. 加油

先将 93 号汽油加入油箱，油箱中的汽油量不得低于油箱高度的 1/3，拧紧油箱盖。

3. 药液配制

根据防治面积，按 1 升/亩用量向配药桶中加入柴油，边搅拌边加入推荐剂量农药（不需加水），搅匀后至喷药结束时药液不分层即可。粉剂等固态农药需与柴油相溶才行。

4. 加药

药箱内加入烟雾剂、配制均匀的药液，拧紧药箱盖。装药液不宜太满，应留出约 1 升的充压空间。

5. 启动

用左手拇指按住点火开关，再用右手拇指按压手油泵，直至把油管中的空气排净，听到点火声音沙哑即可（用手油泵泵油一到两次，按下1/3即可），再用右手按住点火开关，用左手拉气筒的拉杆打气，当听到连续的隆隆声，即可放开点火开关，停止打气，这时机器正常启动。若短时间再重启动时无需再排气并手动供油。若第一次启动不成功，可能是化油器内汽油过多，需用气筒打气，将油吹干，再重复启动。

6. 喷烟作业

将启动的机器背起，一手握住提柄，一手全部打开药液开关（注意不要半开），数秒钟后即可喷出烟雾。作业环境温度超过30℃时，喷完一箱药液后要停止5分钟，让机器充分冷却后再继续工作；若中途发生熄火或其他异常情况，应立即关闭药液开关，然后停机处理，以免出现喷火现象（图4-10、图4-11、图4-12）。

图4-10　烟雾机在蔬菜大棚的应用

7. 停机

喷烟雾作业结束、加药加油或中途停机时，必须先关闭药液开关，后关油门开关，撤压油针按钮，发动机即可停机。

图4-11　烟雾机在棉花田的应用

图4-12　烟雾机在油菜田的应用

8. 维护

长期停用时，用汽油清洗化油器内的油污，倒净油箱、药箱剩余物，用柴油清洗油箱和输药管道，擦去机器表面的油污和灰尘，取出电池，加塑料薄膜罩或放入包装箱内，置清洁干燥处存放。

六、喷杆式喷雾机

喷杆式喷雾机是与拖拉机配套使用的宽幅动力喷雾机。它是由拖拉机动力输出轴带动液泵产生压力，通过喷杆上多个喷头组成6~36米宽的喷幅，进行大面积喷洒。具有作业效率高、喷洒质量好、喷液量分布均匀的特点，适于大面积喷洒各种农药、肥料和植物生长调节剂等的液态制剂，广泛用于大豆、小麦、玉米和棉花等农作物的播前、苗前土壤处理、作物生长前期除草及病虫害防治。国产机型有牵引式3W-2000型、悬挂式3W-650型、自走式3WX-280h等（图4-13、图4-14、图4-15）。

（一）性能规格

（1）喷幅。小型机喷幅2~8米，中型机10~18米，大型机18~36米。

图4-13 牵引式喷杆喷雾机

（2）药箱容积。小中型机容积200~1 000升，大型机大于或等于2 000升；附加清水箱。

（3）液泵。常采用2~6缸隔膜泵，工作压力0.2~0.4兆帕。

（4）喷头。扇形雾喷头，单个喷头体或快速转换组合喷头体，膜片式防滴阀。

图 4-14　悬挂式喷杆喷雾机

图 4-15　自走式喷杆喷雾机

（5）过滤装置。四级过滤，分别位于药液箱加液口、液泵前、压力管路（泵后）和各喷头处。

（6）搅拌装置。药液回流搅拌（回流量为药箱容积的5%~10%）。

（二）使用与维护

1. 机具选配

应根据不同作物、不同生长期选择适用机型（表4-1）。作物中后期根据植株高度，喷雾应配高地隙拖拉机。喷幅大于或等于10米的喷杆喷雾机应带有仿形平衡机构。喷除草剂的喷头应配有防滴阀。

表4-1 不同作物、不同生长期的适用机型

机型	适用作物	生长期
横喷杆式	小麦、棉花、大豆、玉米等旱田作物	播前、播后苗前的全面喷雾，作物生长前期的除草及病虫害防治
吊杆式	棉花、玉米等	作物生长中、后期的病虫害防治
气流辅助式	棉花、玉米、小麦、大豆等旱田作物	作物生长中、后期的病虫害防治、生物调节剂的喷洒等

2. 喷雾机与拖拉机的连接及调整

喷杆式喷雾机与拖拉机的连接应安全可靠，所有连接点应有安全销。悬挂式喷雾机与拖拉机连接后，应调节上拉杆长度，使喷雾机在工作时雾流处于垂直状态；牵引式喷雾机与拖拉机连接前应调节牵引杆长度，以保证机组转弯时不会损坏机具。

3. 喷头、喷杆的安装与调整

喷杆上可采用多种液力喷头。喷头体主要有两种固定方式，一种方式是在硬质管路上打孔，喷头体固定在管路上，药液通过管路进入喷头体，此种方式管路简单，喷头间距不能调节；另外一种是通过卡子将喷头体固定在喷杆上，用耐腐蚀高压液管相互连接，喷头间的距离可通过沿喷杆移动喷头体来进行调节。喷头可根据喷洒农药的类型和喷液量来选择。喷杆的安装要与地面平行，高度要适当，过低或过高均能造成喷洒不均匀。喷杆高度要根据喷头类型和喷头的喷雾角度来确定，一般距地面40~60厘米，最高不要超过80厘米。喷头与喷头间距50厘米时，喷杆高度应调整到使两个相邻扇形雾面相互重叠1/2，调节喷头扇形雾面方向与喷杆形成一个较小的角度（5°~10°），喷头扇形雾面方向要一致，使沿喷杆方向上的喷雾分布尽可能均匀，以免喷出的雾滴相互撞击，雾滴覆盖不均匀。喷洒苗后除草剂，喷杆高度应从作物顶端算起，喷杆不可距作物太近，否

则易使杂草漏喷。苗带施药喷雾的宽度可通过调整喷杆高度和喷雾扇面与喷杆的角度来达到要求。

4. 喷雾压力选择

当喷雾压力改变时，喷液量也会改变。喷液量的相对变化与喷头上压力的相对变化平方根成正比，要将喷液量加大 1 倍，压力就要增大 4 倍。压力大，流速快，雾滴小，雾化好；压力小，流速慢，雾滴大。喷洒土壤处理除草剂和苗后触杀型除草剂时，压力选 196.1～294.2 千帕为宜；喷洒苗后内吸传导型除草剂时，压力选 294.2～490.3 千帕为宜。总之，应根据所喷洒药剂的喷液量来选择适当的喷雾压力。

5. 拖拉机车速调整

车速和单位面积喷液量成反比，即车速快，喷液量小；车速慢，喷液量大。喷洒除草剂时拖拉机行走速度应控制在 6 千米/小时内为宜，最高不要超过 8 千米/小时。

拖拉机轮胎的新旧程度、田间作业时土壤松紧度等因素均会影响车速。因此，施药前除了要计算拖拉机行走速度外，还要通过田间实测和校核。一般采用百米测定法，即在田间量取 100 米距离，记录拖拉机以计算的速度行走 100 米所需的时间，重复 3 次。如实测值与计算值有差值，可通过增减油门或换挡来调整车速。

第五章　农药安全科学使用

第一节　农药的鉴别

近年来，由于农村生产体制的变化，极大地调动了广大农民学科学、用科学的积极性，化学防治措施已经成了控制病虫草鼠危害的重要手段；加之农作物病虫害的普遍发生和逐年加重，致使农药的需求量急剧上升，农药市场供不应求的矛盾十分突出。与此同时，带动了农药商品经济的发展，不少单位和个人纷纷做起了农药生意，其中少数单位和个人趁机钻营，非法制造和出售假冒伪劣或过期失效的农药，牟取暴利，坑害群众，给国家和人民带来了重大损失。为了帮助读者不上当受骗，下面将简单介绍一下有关农药鉴别的一些知识。

农药的鉴别分为两种情况：一种是真假农药的鉴别，一种是变质失效或降效农药的鉴别。第一种是确定该药是否属于农药或某种药剂；第二种是在已知农药品种的情况下，确定是否已经变质或者降效。

一、真假农药的鉴别

（一）根据标签判定

凡是正规农药厂生产的农药，一般都具有完整的标签。所谓完整主要是指标签内容的完整。一个完整的标签必须具备以下内容。

1. 产品介绍

这是每个标签都应有的内容，而且产品介绍的内容应与该药的属性相符，不夸大其词，文字清楚，语言通顺，无错别字，叙述的内容应当包括该农药的特性、适用范围、适宜用量、使用方法、使用时间和注意事项等。假冒农药的介绍，往往字迹模糊不清，任意夸大该药的作用，甚至有错字和别字，叙述内容不全。一般仅从字迹模糊和有错别字这些现象，便可断定该药属假冒农药或不合格农药。因为能生产合格农药的厂家，多数都具有较强的技术力量和业务水平，正常情况下是不会有错字、别字的。

2. 注册商标

注册商标包括两个部分：一是"注册商标"四个字，二是商标图案，二者缺一不可。在进口农药的标签上，"注册商标"用符号"®"代替；图案多带有象征意义和一定的艺术性。假冒商品一般没有注册商标字样或图案，即便有，也会略有变化，因为冒充商标是一种违法行为。也有些假冒者全部照搬正规厂家的商标，但多数在标签上不写自己的厂名或真实厂名，或仅写上不详细的地址。

3. 准产证号

为加强农药生产管理，确保产品质量，杜绝伪劣农药混入市场，国务院和各省、市、自治区人民政府或化工部以及工商行政管理部门相继完善并实施了农药准产证制度。规定凡是生产农作物、森林、蔬菜、水果、家庭卫生等方面的化学药剂、微生物药剂及其他药剂的企业，不论其隶属关系和经济性质，一律申办或补办准产证，没有准产证的企业，一律不准生产，工商部门不予颁发营业执照。

农药准产证发放的条件如下。

（1）生产的产品符合国家或省级地方标准。

（2）在农业部门登记。

（3）有生产条件和计量检测手段，达到或具备三级计量合格证、质检科认证。

（4）三废排放达到国家规定的标准。

（5）各种规章管理制度完善。

在判定农药的真假时，可以从是否有准产证进行判断分析。准产证的有无，在农药标签上的反映就是准产证编号。进口农药无准产证编号。

4. 农药登记证号

农药登记证号是农药登记证的编号。农药登记是由农业药检部门办理的，办理的基本依据是：产品的化学、毒理学、药效、残留、环境生态、产品标准、标签和使用说明书等。这些条件不符合要求的，就不予办理农药登记证。

因而，农药登记证的有无，是判定农药产品"可信度"的重要标志。农药登记分为两种，一种是临时登记，另一种是正式登记。当然，二者的登记条件是不一样的。假农药的标签上没有登记号；冒牌农药虽有登记号，但一般也没有生产厂名或详细厂址。

5. 规格和剂型

规格是指有效成分含量，剂型则表示制剂的类型。假冒农药一般无规格和剂型（或表示剂型的符号）。

6. 生产时间或批号

国产农药一般仅有批号，表示商品的年、月、日；进口农药一般既有生产日期又有批号。所有正规厂家生产的产品，一般都有生产时间或批号，并能在标签上反映出来。假冒农药则可能残缺不全。

7. 有效期和厂名厂址

有效期是指从生产到开始降效、变质的时间；非假冒农药一般都标有有效期，而且厂名厂址清楚详细，有些甚至还注有邮政编码、电话号码、电报挂号等。假冒农药这部分内容模糊不清或根本就没有。

农药有效期在标签上通常有三种标记方法。

（1）直接标明有效日期。例如，有效期为 2008 年 5 月 10 日，即说明该药可使用到 2008 年 5 月 10 日。

（2）标明有效期月份。例如，有效期 2008 年 7 月，即说明此药在 2008 年 7 月 31 日以前有效。

（3）根据药品批号推算有效期。例如，药品批号 991225，有效期 3 年，即指该药有效期到 2002 年 12 月 25 日止。药品批号的 6 位数，前 2 位数表示该药品生产年份，中间 2 位数表示月份，末尾 2 位数表示日期。如果批号是 8 位数，则前 6 位表示生产日期，后 2 位表示有效期（年）。

（二）根据某些特征判定

不同的农药具有下同的特征及特性，根据这一点，容易判定出农药的真假。常用的鉴别特征有颜色、气味以及某些实验特性等。

1. 颜色

一般来说，乳油类、可湿性粉剂类、油剂类、悬浮剂类、水剂类等农药的颜色只要规格不变，颜色是相对稳定的；颗粒剂、粉剂等农药会因颜料的不同或填充料的不同而有所变化。

2. 气味

相对来讲，依气味鉴别农药要较颜色更为简单准确（一些具有特殊颜色的农药除外），但鉴别者必须具有丰富的实践经验和扎实的农药基础知识。一般情况下，不同的农药具有不同的气味，甚至气味的浓烈程度，在一定程度上还能反映出质量的高低。对于假冒农药来说，是不具有农药自身所特有的气味的。

根据颜色和气味判定农药的真假，是最简单和最常用的方法。以下对部分常用农药的鉴别特征给予简单的叙述。

（1）5%来福灵乳油。基本无色或略带浅黄色（在目前常见的农药中，颜色是最浅的一个），略有腥味，闻时有刺鼻感，闻久了会导致打喷嚏和流鼻涕。

（2）20%速灭杀丁乳油、2.5%敌杀死乳油。浅黄色，略带腥味和刺鼻感，久闻也可引起打喷嚏和流鼻涕。灭扫利乳油和这两种农药相似，但灭扫利乳油的浓度较大，在流淌时有黏度感。

（3）乐果乳油。浅黄色或略带棕色，有刺鼻的硫醇臭味。

（4）3911乳油。红棕色，具有强烈的恶臭味，遇水后乳化性能较好。

（5）1605乳油。红棕色油状液体，有明显的大蒜臭味。锌硫磷乳油和该药相似，只是颜色比较浅。

（6）敌敌畏乳油。浅黄色，具有芳香气味，闻时有刺鼻感。

（7）90%晶体敌百虫。白色晶体状，有甜软良好的气味。遇碱后变为敌敌畏，具有芳香气味。

（8）克螨特乳油。黏稠状液体，这是鉴别的主要特征；易燃，乳化性能特别好。

（9）粉锈宁。20%的粉锈宁乳油，浅棕红色，15%可湿性粉剂为灰白色，25%可湿性粉剂的颜色更浅。粉锈宁的气味比较特殊，和"清凉油"的气味相似，气味浓烈，有凉爽感。这是判别粉锈宁的重要依据。

（10）呋喃丹颗粒剂。颜色有棕红色、紫色等，无气味（这是鉴别的主要依据），颗粒比较细匀。用温水浸泡后，其溶液基本无色，并有黏度感。一般从颜色很难判别出真假。

（11）磷化铝片剂。灰白色，和医用上霉素颜色相似，无气味；在潮湿环境下保存数小时后，可变为残渣状，这是鉴别其真假的主要依据。

（12）50%抗蚜威可湿性粉剂。深蓝色，颜色比较特殊。目前有两种制剂形态，一种是粉状，一种是粒状；气味不大。鉴别该药较为准确的方法是生物测定法。因为该药为蚜虫（棉蚜、桃蚜等除外）的特效药，而且药效迅速，使用后能在几分钟内将蚜虫杀死。所以，可以利用这一特性，在田间用麦蚜、玉米、大豆蚜、菜蚜等做试验，能迅速杀死蚜虫且具备上述外观特征的，就是真药，否则为假药或失效药。

（13）硫酸铜。为天蓝色结晶状，气味不明显，水溶液仍呈天蓝色，这是鉴别硫酸铜和检验其质量的重要依据。若溶液发黑，里面含有硫酸亚铁杂质，含杂质越多，颜色越黑。

（14）托布津可湿性粉剂。浅灰色粉状，略有辣味。70%甲基托布津颜色为灰白色或灰棕色、灰紫色等。

（15）敌克松可溶性粉剂。黄色至黄棕色，有光泽，无臭味，粉末状。其水溶液为黄色，用手触摸也为黄色。因为该药为生产颜料的副产品。所以颜色比较特殊。这是和其他农药相区别的重要依据。

（16）代森锌可湿性粉剂。浅灰绿色粉末状，有臭鸡蛋气味。在颜色和气味上都比较特殊。

（17）40%乙烯利水剂。外观为淡黄色至褐色透明液体，比重为 1.258 左右，pH 值小于 3；遇碱或加热时，很快分解，放出乙烯。因而，具有乙烯的气味。

（18）井冈霉素水剂。外观为棕色透明液体，无臭味，pH值为 2~4，比重大于 1，无气体产生。将这些特性进行综合测定分析，便可判定出是否为井冈霉素。

（三）根据试验结果判定

有些农药，可以根据一些简单的试验结果来进行判定。

1. 粉状农药的鉴别

常见粉状农药的剂型主要有粉剂、可湿性粉剂和可溶性粉剂。这三种剂型的区别方法是：取无色透明玻璃试管 3 支，分别装入三种剂型的少量试样，然后倒入半试管清水，分别用手按住试管口或用塞子将试管盖好，以同样速度上下振动 10 次左右，静止后观察。若试管内不产生沉淀就是可溶性粉剂，试管内发现混浊并产生缓慢沉淀者是可湿性粉剂，试管内沉淀物多且沉淀迅速的是粉剂。

2. 液体农药的鉴别

常见的液体农药的剂型主要有水剂、乳剂和油剂。区别这三种剂型的方法是：取无色透明的玻璃试管 3 支，各装入半试管清水，然后分别滴入 3~5 滴试样。溶解于水后成乳白色悬浮液的是乳油；溶解于水后成水溶剂、表面无色、无油状物的是水剂；溶解于水后无色，但表面有悬浮油状小珠的是油剂。

3. 常用有机磷农药的鉴别

主要介绍 1059、1605、乐果、马拉硫磷、敌敌畏、敌百虫六种常用有机磷农药的鉴别。

首先各取试样 3~4 滴分别滴入不同的试管内，然后各加水 5 毫升，配成供鉴别用的稀释液。然后在每支试管中分别滴加 5% 的氢氧化钠溶液，若呈黄色的是 1605，呈浅黄色的是 1059，呈白色者是敌百虫，不发生变化的是乐果、马拉硫磷和敌敌畏。

其次将三种无变化的溶液，分别滴加 5% 的硝酸银溶液，呈黄色的是乐果，由黄至橙至黑色的是马拉硫磷，开始滴加硝酸银时无变化，继续滴加变成黑色的是敌敌畏。

各取少许置于试管内，分别加入 5% 的盐酸（一般是浓盐酸稀释液），调成糊状，然后插入一段擦亮的铜丝或铜片，经过 5~10 分钟后取出，在铜丝或铜片上面有一层银白色的汞析出的就是汞制剂，否则，为其他农药。

5. 有机硫制剂的鉴别

（1）取试样少许放入试管中，加水数滴使之全部湿润，再加入 3~4 滴浓硫酸，稍加热，有臭鸡蛋气味放出的就是有机硫制剂。

（2）代森铵、代森锌、代森锰、福美锌、福美铁、福美双是常用的六种有机硫制剂，唯独代森铵是淡黄色溶液。

（3）将剩余的 5 个样品分别取少许装入试管内，并各加3~5滴水使之湿润，再加入 3 滴硝酸，然后稍加热。有臭鸭蛋味的是代森锌和代森锰，无臭鸭蛋味的是福美铁、福美双和福美锌。

（4）在代森类的试管中，再加入 2~5 毫升水，并分别过滤到另外试管内，再各加入 5% 的氢氧化钠溶液，摇匀后继续滴加氢氧化钠溶液。有白色沉淀又很快溶解的是代森锌；有白色沉淀不溶解的为代森锰。

（5）将福美类化合物的三支试管，稍加热后各加 2 滴盐酸，亦有臭鸭蛋气味产生，待气泡停止后，各加 2~5 毫升水，过滤到另三支试管内，逐滴加 5% 氢氧化钠溶液，边滴边摇。出现红色沉淀者是福美铁；出现白色沉淀后又溶解者是福美锌；剩下的是福美双。

6. 苯酚类除草剂的鉴别

取样少许溶于酒精中，滴加几滴 5% 三氯化铁溶液摇匀即呈现紫色；或将其溶于蒸馏水中，而加几滴 5% 硫酸铜摇匀，有深红色沉淀。具有这两个特点的是苯酚类除草剂，反之，不是苯酚类农药。

7. 其他农药的鉴别

二钾四氯钠盐的鉴别。由于该药能导致部分植物畸形生长，所以，可用 100 倍左右的药液喷、涂到豆类或阔叶杂草的植株上，1~2 天内，若植株顶端扭曲，叶片下垂，新生叶皱缩呈鸡爪状，茎秆及叶柄肿裂，说明是该药，否则就不是。

（四）化学分析法

这种方法是目前最为准确的方法。一般由省、市级的农业部门的农药化验室或指定的具有农药化验能力的部门承担。其化验结果具有法律效力。由于其化验复杂和需要交纳一定的化验费，所以，一般很少应用。常用于一些假药案件的审定或农药生产厂家的质量检验。

二、失效农药的鉴别

失效农药的鉴别是指在已知属于某种药剂的情况下，对其质量进行检测的过程。常用的主要有四种方法，即外观检验法、物理分析法、生物测定法和化学分析法。

（一）外观检验法

变质失效的农药，往往从外观上就能明显判断出来。判断的依据有：

（1）储存场所是否符合要求，如酸碱度、潮湿度、遮光条件、同库的物品种类等。一般说来，不同的农药具有不同的储存条件。

（2）储存时间。主要指储存时间是否在有效期的范围之内，若有效期已过，肯定有所变质和失效。

（3）外观特征。一般乳油类农药变质后常发生沉淀或变色现象；乳剂类农药变质后常发生油水分离、沉淀和变色现象；粉剂或可湿性粉剂农药变质后常发生结块现象；可溶性粉剂农药久贮后多表现为溶化，但大部分效果不减；水剂类农药变质后常发生析出结晶和变色现象；片剂农药变质后常表现为潮解现象；胶悬剂类农药和部分浓稠的乳油类农药，变质后常表现为固缩现象。

（二）物理分析法

1. 加热法

加热法适用于乳油或乳剂类农药的鉴别。把有沉淀的乳油农药制剂连瓶放入40℃以上（以烫手为准）的温水中。经过1小时后，变质农药的沉淀物不会溶化，而没有变质的农药会慢慢溶化，溶化后喷洒不影响防治效果。

2. 灼烧法

灼热法适用于粉剂农药。取一点粉剂农药置于一小块薄铁皮上，用火灼烧。若有白烟冒出，说明尚含有效成分；如无白烟，说明已不含有效成分或含量微少。灼烧时要注意防止中毒。

3. 振荡法

振荡法适用于乳剂农药。对已经有分层现象的乳剂药液，用力振荡，然后静置1小时。如果仍然有分层现象，说明农药质量已经变坏，若分层现象消失，说明还能用，但药效稍减。

4. 悬浮法

悬浮法适用于粉剂农药。取粉剂农药5克加水500克，搅拌后静置30分钟，然后慢慢倒去上部90%左右的溶液。将剩下的溶液用已加重物的滤纸过滤，再将纸和纸面上的沉淀物一同晒干或烘干。然后称重，计算悬浮率。悬浮率在30%以上者为良好，在30%以下的药剂则为减效药剂。计算公式为：

悬浮率（%）=（样品质量-沉淀质量）÷样品质量×100

5. 沉淀法

沉淀法适用于可湿性粉剂农药。取1克可湿性粉剂样品，放入玻璃瓶子内，先加适量水搅拌成糊状，再加适量清水（共用水200克）搅拌均匀，静置10分钟后观察。好的农药粉粒细，沉淀慢而少；劣质的农药沉淀快而多。

6. 对水法

对水法适用于乳油农药。用透明茶杯一个，装入 2/3 左右的水，滴入 4~5 滴乳油制剂，搅拌后静置 1 小时，缓慢倾斜倒出药液。若液面有乳油或杯底有沉淀物，证明该药已经变质，不能再用；反之，没有变质，仍能用。

7. 溶解法

溶解法适用于乳油或乳剂。取少量液剂农药的沉淀物，加入清水，若很快溶于水中，说明没有变质；反之，就是说明已经变质。

（三）　生物测定法

生物测定法，是指利用药剂的作用对象或敏感生物进行药效试验的方法。该方法的缺点：一方面，一般历时较长；另一方面，在主要防治对象已经产生抗性的情况下，难以得出准确结果和失效的程度。优点则是，正常情况下比较准确和实用，其试验结果在指导使用上有实际意义。

1. 田间试验法

田间试验法，是指将供试农药在田间直接使用到主要防治对象上，大多数农药都可用该方法进行鉴定。需要注意的问题就是病虫的抗性问题，在主要防治对象已经产生抗性的情况下，不适于用该方法。

2. 敏感生物试验法

敏感生物试验法，是指利用对供试药敏感的生物进行试验的方法。有一些农药，除主要防治对象以外，还对自然界中的某些生物有很高的毒性。另外，大多数杀虫剂对蜂类及水生动物比较敏感；部分杀菌剂对鱼类也比较敏感，对兔子的眼膜有严重的刺激作用等。

（四）化学分析法

同真假农药的鉴别一样，失效农药的鉴别同样可以用化学分析法。而且，要想定量地测量其有效成分含量，就必须用化学分析法。由于化学分析法比较复杂，需要相应的仪器设备和化学试剂、标样等。必要的情况下，可以到指定的化验部门去分析化验。

第二节　农药的购买

购买农药的目的，在于有效地防治病虫草害等，因而在购买农药之前，必须弄清所要防治的对象，需要购买的农药品种、剂型、数量，以及如何鉴别农药与怎样看农药标签和使用说明书等。以防所购买的农药与防治对象不符、剂型不适当、数量少或多余以及是假药、失效药等现象的发生。因此，在购买农药的过程中必须注意以下几点。

一、注意农药的品种

所要购买的农药品种，是根据防治对象和栽培作物的种类而定的。因此，在购买农药之前，首先要知道所种的是什么作物，发生了什么病虫害，待确定了病虫害发生的种类之后，再确定购买什么农药品种。能用于防治某种病虫害的农药，往往不只是一个品种，在此情况下，还要了解一下哪种农药效果最好，哪种农药效果最差，哪种农药易产生药害等。然后，根据当地农药的供应情况，尽量确定一种效果好和经济、安全的农药品种。在购买农药时，还要注意农药的同物异名现象。所要购买的农药，往往会因生产厂家的不同而有不同的名称。这时要对照农药的化学名称，只要农药的化学名称一样，就是同一种农药。

二、注意农药的剂型

同一个农药品种，往往会有许多不同剂型。不同的剂型，其施药方法、时间、用量都有所不同，要根据所种的作物、生育期、发生的病虫害种类、当地的环境条件和拥有的农药机具来选择合适的剂型。一般说，粉剂适于密植的作物，食叶性害虫的产卵盛期或幼虫卵化盛期，应在早晨露水未干时使用，用手摇喷粉器或机动喷粉机喷洒；乳油、水剂、可湿性粉剂、可溶性粉剂等适于喷雾的剂型，宜在作物的苗期、近水源的地块、风小的上午或下午使用，用气压式喷雾器和机动弥雾机喷洒。如大豆为密度较大的作物，若用农药防治取食大豆叶片的豆天蛾低龄幼虫，在早晨露水未干或在有露水的傍晚用手摇或机动喷粉器械喷施粉剂农药，效果会更好；而在防治棉花苗期的蚜虫及红蜘蛛时，就以选择适于喷雾的农药剂型，在中午或下午用背负式手动喷雾器喷雾较为恰当。总之，要根据高效、安全、经济和容易操作的原则，选购适当的农药品种和剂型。做到品种和防治对象对口，剂型和施药方法正确。

三、注意农药的包装

有些农药在装卸、运输和保管过程中，可能会将瓶子碰裂、袋子碰烂、标签碰掉甚至被雨淋湿等，这样的农药最好不要购买，以免出现意外。如农药流失造成事故，品种混淆造成错购，农药失效达不到施药目的，变质造成作物药害等。另外，同一种农药的包装，还有大包装和小包装之分。液剂农药小至几毫升，大至数千克，一般为 0.5~1.0 千克瓶装；粉剂农药一般为 0.5~25.0 千克袋装。在购买时，要结合需求量、携带、使用和保管等方面进行综合考虑，尽量选择一种需求量符合，并便于使用和保管的农药包装。

四、注意购买的数量

购买农药的数量，不可过多，又不可过少。多了会增加储藏上的麻烦，少了就不够用，影响病虫害的及时防治或增加购买次数。那么，如何确定农药的购买数量呢？首先要根据作物的种植面积或病虫害发生的面积和用药次数，然后再根据农药的有效成分含量、安全亩用量等，确定出每次的用药量和累积用药量。在需求量少而又不零售的情况下，可几家联合购买，尽量买到一个最小的包装单位。

五、注意农药的质量

由于生产时间长或运输、储藏方法不当或农药厂生产的产品不合格等原因，都有可能使药剂的质量下降，以致降低药效或其他不良现象的发生。另外，不同的农药厂生产的同一种农药其质量也有很大差别。因此，在购买农药时，必须注意农药的质量，进行认真细致的检查。

第三节　农药的使用

一、药液配制

（一）农药二次稀释与配制

除少数可以直接使用的农药制剂以外，一般农药在使用前都要经过配制才能施用。农药的配制就是把商品农药配制成可以施用的状态。例如，乳油、可湿性粉剂等本身不能直接施用，必须对水稀释成所需浓度的喷施液才能喷施。农药配制一般要经过农药和配料取用量的计算、量取、混合几个步骤。

1. 准确计算农药和配料的取用量

农药制剂取用量要根据其制剂有效成分的百分含量、单位面积的有效成分用量和施药面积来计算。

如果农药标签或说明书上已注有单位面积上的农药制剂用量，可以用下式计算农药制剂用量：

农药制剂用量 ［毫升（克）］＝单位面积农药制剂用量 ［毫升（克）/亩］×施药面积（亩）

如果农药标签上只有单位面积上有效成分用量，其制剂用量可以用下式计算：

$$农药制剂用量 ［毫升（克）］ = \frac{单位面积有效成分用量（克/亩）}{制剂中有效成分百分含量\%} ×施药面积（亩）$$

如果已知农药制剂要稀释的倍数，可通过下式计算农药制剂用量：

$$农药制剂用量 ［毫升（克）］ = \frac{要配制的药液量（克）或喷雾器容量（毫升）}{稀释倍数}$$

2. 安全、准确地配制农药

液体药要用有刻度的量具，固体药要用秤称量。量取好药和配料后，要在专用的容器里混匀（图5-1）。应注意以下几点。

（1）不能用瓶盖倒药或用饮水桶配药；不能用盛药水的桶直接下河沟取水；不能用手直接伸入药液或粉剂中搅拌。

（2）在开启农药包装和称量配制时，操作人员应戴用必要的防护器具。

（3）配制人员必须经专业培训，掌握必要的技术，熟悉所用农药的性能。

（4）孕妇、哺乳期妇女不能参与配药。

（5）农药称量、配制应根据药品性质和用量进行，防止溅洒、散落。

（6）配制农药应在离住宅、牲畜栏和水源较远的场所进行；药剂随配随用，已配好的应尽可能采取密封措施；开装后余下的农药应封闭在原包装内，不得转移到其他包装中。

（7）配药器械一般要求专用，每次用后要洗净，不得在河流、小溪、井边冲洗。

（8）少量剩余和舍弃的农药应埋入地坑中。

（9）处理粉剂和可湿性粉剂时要小心，防止粉尘飞扬。

（10）喷雾器不要装太满，以免药液泄漏；当天配好的，当天用完。

图 5-1　配制农药操作方法

（二）农药浓度的表示方法

任何一种农药，起药效作用的只是其中的有效成分，各种所标明的百分数就是指有效成分含量。如 40%氧化乐果、50%辛硫磷等。农药稀释或者计算有效成分用量，都要以商品制剂的有效成分含量或浓度作为基础。常见的农药浓度表示方法有以下几种。

（1）重量百分比表示法。表示 100 份药液或药粉中含农药有效成分的份数。如 0.05%乐果乳油稀释液，即表示 100 千克

（或其他重量单位）这种药液中含有效成分 0.05 千克。

（2）倍数表示法。一般直接称为药剂的多少倍，如 2 000 倍液、500 倍液等。其中农药制剂的量为 1，水的量为倍数减 1。但在实际应用中，当稀释倍数大于 100 时，往往不再扣除药剂所占的 1 份，直接取相应倍数的稀释物（水、土等）进行稀释。

（3）每公顷施有效药量表示法。就是在每公顷田中需要施入农药有效成分的量。一般固体（包括粉剂、可湿性粉剂、可溶性粉剂、片剂等）农药以"克"为单位，液体农药（如乳油、油剂等）以"毫升"为单位。这种表示方法适用于各种有效成分含量。对于同一种农药，不论有几种浓度规格，都可以从单位面积施有效药量上得到统一。因而，这是一种较其他表示方法更为简单而确切的表示方法，应该提倡使用。

二、安全防护

（一）经皮毒性的防护

在农药的贮运、配制、施用、清洗过程中，要穿戴必要的防护用具（图 5-2），尽量避免皮肤与农药接触。田间施药前，要检查药械是否完好，以免施药过程中"跑冒滴漏"。施药时，人要站在上风处，实行作物隔行施药操作。施药后，要及时更换工作服，及时清洗手、脸等暴露部分的皮肤和更换下来的衣物以及施药器械等。如果不慎将药剂沾在皮肤上，应立即停止作业，用肥皂及大量清水（不要用热水）充分冲洗被污染的部位。但对敌百虫药剂的污染不要用肥皂，以免敌百虫遇碱性肥皂后转化为毒性更强的敌敌畏。眼睛不慎溅入药液或药粉，必须立即用大量清水冲洗一段时间。

（二）吸入毒性的防护

尽量避免施药人员在农药烟、雾中呼吸，否则应按农药标签的要求佩戴口罩或防毒面具。顺风喷药，避免逆风喷药。室

图 5-2 施药防护服及面罩

内施药时，要保证有良好的通风条件。农药容器都应封好，如
有渗漏，应及时处理。如不慎吸入农药或虽未察觉但身体感到
不舒服时，应立即停止工作并转移至空气新鲜、流通处，除掉
可能已污染的口罩及其他衣物，用肥皂和清水洗手、脸，用洁
净水漱口。

（三）经口毒性的防护

施药人员操作农药时要严禁进食、喝水或抽烟。施药后、
吃东西前要洗手。不要用嘴吹堵塞了的喷头。不要将杀鼠剂的
诱饵和拌过药的种子与食用粮食、饲料混放在一起，以免误食。
被污染的粮食不得食用或喂牲畜。高毒、剧毒农药不得用于果
树、蔬菜、茶叶和中草药。农药中毒死亡的动物须深埋，严禁
食用或贩卖。严格执行《农药安全使用标准》和《农药合理使
用准则》，确保农产品中农药残留量不超标。对农产品农药残留
量实行监测制度，残留量超标者不得上市。使用农药或清洗药
械时，不要污染水源或者池塘。贮存农药要有专门设施，并有
专人保管。废弃农药及容器要妥善处理，不得再作他用。

三、科学施药

（一）对症

农药的品种很多，不同品种的特点和防治范围不同。因此，应针对防治对象的种类和特点，选择最合适的农药品种和剂型。

（二）适时

不同发育阶段的病、虫、草害对农药的抗药力（对药剂的抵抗力）不同。农药施用应选择在病、虫、草最敏感的阶段或最薄弱的环节进行，过早或过晚使用都会影响防治效果。

（三）适量

以10%吡虫啉可湿性粉剂为例，防治蚜虫10~20克/亩。一亩地按使用两喷雾器（1喷雾器15升水）计算，则每喷雾器放5~10克药剂即可。在5~10克的范围内根据虫情确定每喷雾器用量多少。还有些农药的表示方法是稀释倍数，假如使用倍数是1 000~1 500倍，即说明1克该药剂应对水1 000~1 500克来使用，若用喷雾器来施药，一喷雾器放10~15克即可。农药标签或说明书的推荐用药量一般都是经过反复试验才确定下来的，使用中不能任意增减，必须根据施用面积，把药量和用水量量准，不能估计用药。否则，用药量少了达不到防治目的；用药量多了，作物易产生药害，污染环境，甚至会造成残留和影响下茬作物的生长。

（四）适法

合理得当的施药方法是提高用药质量、保证防治效果的重要环节。在药剂选择的基础上，应根据农药的剂型、理化性质以及有害生物的发生特点，选用适当的施药方法。例如，可湿性粉剂不可作为喷粉用，而粉剂则不可对水喷雾；对光敏感的辛硫磷拌种效果则优于喷雾；防治地下害虫宜采用毒谷、毒饵、拌种等方法，玉米螟的防治则应选用投撒颗粒剂或灌心叶的方法。使用胃毒性杀虫剂时要求喷雾的药液能充分覆盖作物；使用触杀性杀虫剂时应将喷头对准靶标喷洒或充分覆盖作物；使用内吸性杀虫剂应根据药剂内吸传导的特点，采用株顶定向喷雾法喷洒药液等。

（五）安全

在安全问题上，一方面需防止药害，一般来说，禾谷类作物、棉花和果树中的柑橘耐药力较强，而桃、李、梨、瓜类、豆类抗药力则较差，易发生药害，防治这类作物上的病虫害时，对药剂的选用应特别注意。此外，就是同一类作物不同品种之间，耐药力也不完全相同；同一种作物在不同发育阶段或生长发育不同状态时耐药力都有所不同。另一方面要注意农药与天敌的关系，一定要从生态学观点出发施用农药，合理选择农药的剂型，掌握好施药次数、施药量和施药时间等，达到既防治病虫害，又能保护天敌的目的。

（六）看天气

刮风、下雨、高温、高湿等天气条件下施用农药，会对药效造成很大影响，应特别注意。

四、抗性治理

（一）综合防治

单一使用化学药剂防治农业有害生物，不但容易使其产生抗药性，而且也能把大量天敌毒死，使害虫再猖獗。因此，应因地制宜选用农业防治、生物防治、物理防治和药剂防治等相结合的综合防治措施，使之彼此密切配合，有机协调，更有效地控制病虫草鼠的危害。

（二）合理混配农药

目前农药复配混用有两种方法：一种是农药厂把两种以上

的农药原药混配加工，制成不同制剂。另一种是农民根据当时当地防治病虫的实际需要，把两种以上的农药现混现用，如杀虫剂加增效剂、杀菌剂加杀虫剂等。值得注意的是，农药复配虽然可产生很大的经济效益，但切不可任意组合，田间现混现用应坚持先试验后混用的原则。

（三）交替轮换用药

化学农药交替轮换使用，就是选择最佳的药剂配套使用方案，包括药剂的种类、使用时间、次数等，要避免长期连续单一使用同一种药剂。实践证明，交替轮换使用不同作用机制的药剂是控制抗性产生的有效措施。

（四）农药间断使用或停用

当农业有害生物对某种农药产生抗药性后，如在一段时间内，暂时停止使用该种农药，此抗药性有可能逐渐减退，甚至消失。

（五）添加农药增效剂

农药增效剂能抑制病虫体内解毒酶的活性，从而增加药效，同时防止或延缓了病虫抗药性的产生。

五、农药废物处理

（一）农药废弃物的来源

农药废弃物的主要来源：①由于贮藏时间过长或受环境条件影响，变质、失效的农药。②在非施用场所溢漏的农药以及用于处理溢漏农药的材料。③农药废包装物，包括盛农药的瓶、桶、罐、袋等。④施药后剩余的药液。⑤农药污染物及清洗处理物。

（二）农药废弃物的安全处理

（1）被国家指定技术部门确认变质、失效及淘汰的农药应予销毁。高毒农药一般先经化学处理，而后在具有防渗结构的沟槽中掩埋，要求远离住宅区和水源，并且设立"有毒"标志。低毒、中毒农药应掩埋于远离住宅和水源的深坑中，凡是焚烧、销毁的农药应在专门炉中进行处理。

（2）在非施用场所溢漏的农药要及时处理。对于固态农药如粉剂和颗粒剂等，要用干沙或土掩盖并清扫于安全地方或施用区；对于液态农药用锯末、干土或粒状吸附物清理，如属高毒且量大时应按照高毒农药处理方式进行。要注意不允许将清洗后的水倒入下水道、水沟或池塘等。

（3）妥善处理农药包装。农药应用原包装存放，不能用其他容器盛装。农药空瓶（袋）应在清洗三次后，远离水源深埋或焚烧，不得随意乱丢，不得盛装其他农药，更不能盛装食品（图5-3、图5-4、图5-5）。

图5-3　农药包装袋的清洗

弥雾机、喷雾器等小型农用药械，在喷完药后应立即进行清洗处理，特别是使用剧毒农药和各种除草剂后，更要立即将药械桶内清洗干净，否则就会对农作物或蔬菜产生毒害。如前一天用有机磷农药喷棉花，而第二天在没有进行药械清洗的情况下，又用菊酯类农药喷蔬菜，这样药械桶内的剧毒残余农药

图 5-4　清洗农药包装袋的水倒入喷雾器

图 5-5　清洗后的空药袋集中处理

就喷到了蔬菜上；除草剂有防除单子叶植物和防除阔叶植物的不同药剂，药具在使用过程中如不清洗干净，交替用时很容易伤害不同类型的植物。因此，喷雾器、弥雾机等用后应及时清洗，马虎不得。

六、杀虫剂、杀菌剂类药械的清洗

一般农药使用后，用清水反复清洗、倒置晾干即可。

对毒性大的农药，用后可用泥水或碱水反复清洗，倒置晾干。

七、除草剂类药械的清洗

（一）清水清洗

麦田常用除草剂如巨星（苯磺隆），玉米田除草剂如乙阿合剂等，大豆、花生田除草剂如精吡氟禾草灵，水稻田除草剂如百草枯、灭草松等，在打完药后，需马上用清水清洗桶及各零部件数次，之后将清水灌满喷雾机浸泡 2~24 小时，再清洗 2~3 遍，便可放心使用。

（二）泥水清洗

针对百草枯（克无踪）遇土便可钝化，失去杀草活性的原理，因而在打完除草剂克无踪后，只要马上用泥水将喷雾器清洗数遍，再用水洗净即可。

（三）硫酸亚铁洗刷

除草剂中，唯有 2，4-D 丁酯最难清洗。在喷完该除草剂后，需用 0.5% 的硫酸亚铁溶液充分洗刷，之后再对棉花、花生等阔叶作物进行安全测试方可再装其他除草剂使用。

每年防治季节过后，应将重点部件用热洗涤剂或弱碱水清洗，再用清水清洗干净，晾干后存放。某些施药器械有特殊的维护保养要求，应严格按要求执行。

清洗药械的污水，不得带回生活区，不准随地泼洒，或流入河塘，防止污染环境。

第四节　农药药害

农药药害是指因施用农药对植物造成的恶性伤害，一般说来是在农药喷洒、拌种、浸种、土壤处理等使用过程中，由于药剂浓度过大、用量过多、使用不当或某些植物对药剂过敏，从而产生影响植物的生长，如发生落叶、落花、落果、叶色变黄、叶片凋零、灼伤、畸形、徒长及植株死亡等现象。农药药害分为急性药害和慢性药害 2 种，施药后几小时至几天内即出现症状的，为急性药害；施药后不是很快出现明显症状，仅表现为光合作用缓慢，生长发育不良，结实延迟，果实变小或不结实，籽粒不饱满，产量降低或品质变差，则为慢性药害。

一、农药药害发生原因

（一）产品质量差

如农药厂家生产的农药产品质量不达标，或是制假企业生产的产品成分及剂型与标签不符，含有隐性成分或过期沉淀分层变质。某些农药销售点没有按照农药厂家的要求推荐销售，在推荐过程中擅自扩大使用范围，或为了追求利润最大化，销售不合格或含有禁用成分的产品。

（二）实际操作不当

在施用过程中，不按标签说明使用或随意加大用药量，擅自扩大使用范围，不同药剂不合理混用，施药器械性能不良，作业不均匀，或是农户对施药器械清洗不彻底，药剂误用等操作不当行为，都能产生药害。

（三）植物敏感度高

部分植物品种本身对某些药剂比较敏感，或是同一品种不同生长阶段以及不同的植株部位对药剂敏感、耐药力较差。

（四）施药环境条件差

光照较强、温度过高或过低、风向不稳定或风力过大等施药环境条件差时用药也能引起植物药害。

二、常见农作物药害症状

农作物发生药害后，通常表现出的症状有畸形果、畸形叶、畸形穗、植株矮化等。例如，番茄蘸花时用的防落素浓度过高就会出现畸形果（图5-6）；在草莓上使用二氯喹啉酸（快杀稗）后，叶片畸形，叶脉平行，叶片变窄（图5-7）；二甲四氯在小麦拔节后使用会出现畸形穗（图5-8）；乙草胺在玉米苗上的药害症状为抑制作物根系生长，植株矮化（图5-9）。

图5-6　番茄蘸花药害形成的畸形果

图5-7　氯喹啉酸在草莓上的药害

三、避免药害产生的有效途径

在实际生产中，与其在发生药害后的被动补救，不如进行提前预防，积极杜绝引起药害发生的各种可能因素。

（一）选用好的农药产品

现在的农资市场农药产品质量参差不齐，广大农户可选择

图 5-8　甲四氯在小麦上的药害症状

图 5-9　乙草胺在玉米苗上的药害

在正规农资销售点选购质量稳定、"三证"齐全、标签与成分符合的产品，同时要尽量选择有实力、有信誉的大企业的产品。

（二）开展用药技术培训

农业部门可通过各种类型的培训活动，来提高经销商的植保知识以及农户的科学用药水平，减少因指导或施药不当而造成的作物药害事故。

（三）提高经销商的服务能力

经销商必须对采购和销售的产品负责，不贪图便宜和特效，同时应提高自身的植保知识水平，熟悉作物种植栽培管理技术，了解不同农药产品的使用范围、用量、使用期、敏感作物、敏感时期及用药倍数，了解混用时易出现药害的产品及成分，牢记产品的使用技术，在推荐农户用药时做到有的放矢。

四、药害发生后的应对措施

根据《农药管理条例》和《中华人民共和国消费者权益保护法》规定，在发生农药对农作物病虫草害的防治效果差、出现药害、造成农产品农药残留超标或人畜中毒事故纠纷后，农药经销商作为先行赔付方，应该及时处理，并协助消费者处理好有关事宜。

（一）收集并保留证据

（1）接到消费者反映后，农药经销商应协助消费者收集现场证据。因农作物药害的典型表现期短，在保护好损害现场的同时，应立即向当地农业部门、工商部门或质量监督管理部门反映，使有关部门通过摄像、照相等手段来记录田间造成损害的情况，为下一步鉴定工作打下基础。

（2）查验农药购销凭证。及时查看消费者提供的农药购买凭证，确认是否为本店出售的产品，并查找与生产企业的购货合同及相关凭证，及时与农药生产企业联系，告知农药纠纷事宜。

（3）保存好相关农药的包装物等。农药经销商应保存好发生纠纷的农药产品，暂时不再予以销售，有条件的，可以将同批次产品送到有检测资质的单位进行检验，进一步确认产生纠纷的原因，以便分清责任，及时解决问题。

（4）申请鉴定。可以向有关行政管理部门或者有资质的鉴定机构提出申请，请他们依法组织农业科研、教学、应用推广和管理等部门的专家对药害事故进行技术鉴定，并形成书面鉴定意见。

（二）采取补救措施降低损失

农药的防治效果不好或产生药害时，应告知受害者及时向当地农业行政主管部门及其所属的农业技术推广机构咨询。药害较轻时，可依靠药物或其他人工操作进行缓解甚至解除。如用错了杀虫剂或杀菌剂可以用大量清水淋洗，喷洒复硝酚钠和海藻酸进行调节；用错了土壤处理剂，可用灌溉及排水交替进行的方法解救，洗药后追施速效肥料，促使受害植株恢复生长；用药发生错误，发现及时的，可在技术人员的指导下经水洗后加入其他药剂进行异性中和等。若药害较重，无法进行缓解，应及时建议农户补种或改种其他作物，将损失减到最小。

（1）依法维权。在出现药害纠纷时，农药经营者应及时协助有关部门进行勘验，迅速处理，准确认定有关责任问题，避免造成更大的损失。并根据《中华人民共和国消费者权益保护法》的规定予以处理。

（2）协商和解。因施用假劣农药产品遭受损害时，应根据有关部门作出的技术鉴定，对农药使用者予以先行赔偿。在赔偿后，可以向生产企业进行追偿，以弥补损失。

（3）向政府有关主管部门申诉或要求消费者协会调解。对于无法认清责任的纠纷，可以与受害者一起向有关行政主管部门（包括各级农业行政管理部门、工商行政管理部门、质量技术监督管理部门等）申诉，或者要求消费者协会出面进行调解。

（4）向人民法院起诉。司法途径是解决农药纠纷的有效途径，农药经销商在与生产企业追偿过程中，无法达成一致意见的，应当向人民法院起诉，提供相应的购销台账、检测报告、专家鉴定报告等，要求生产企业赔偿经济损失，依法维护自身合法权益。

第五节　农药中毒处理

一、农药中毒的判断

（一）农药中毒的含义

在接触农药的过程中，如果农药进入人体，超过了正常人的最大耐受量，使机体的正常生理功能失调，引起毒性危害和病理改变，出现一系列中毒的临床表现，就称为农药中毒。

（二）农药毒性的分级

主要是依据对大鼠的急性经口和经皮肤性进行试验来分级的。依据我国现行的农药产品毒性分级标准，农药毒性分为剧毒、高毒、中等毒、低毒、微毒五级。

（三）农药中毒的程度和种类

（1）根据农药品种、进入途径、进入量不同，有的农药中毒仅仅引起局部损害，有的可能影响整个机体，严重的甚至危及生命，一般可分为轻、中、重3种程度。

（2）农药中毒的表现，有的呈急性发作，有的呈慢性或蓄积性中毒，一般可分为急性和慢性中毒两类。

①急性中毒往往是指1次口服，吸入或经皮肤吸收了一定剂量的农药后，在短时间内发生中毒的症状。但有些急性中毒，并不立即发病，而要经过一定的潜伏期，才表现出来。

②慢性中毒主要指经常连续食用、吸入或接触较小量的农药（低于急性中毒的剂量），毒物进入机体后，逐渐出现中毒的症状。慢性中毒一般起病缓慢，病程较长，症状难以鉴别，大多没有特异的诊断指标。

（四）农药中毒的原因、影响因素及途径

1. 农药中毒的原因

（1）在使用农药过程中发生的中毒叫生产性中毒，造成生产性中毒的主要原因如下。

①配药不小心，药液污染手部皮肤，又没有及时洗净；下风配药或施药，吸入农药过多。

②施药方法不正确，如人向前行左右喷药，打湿衣裤；几架药械同时喷药，未按梯形前行和下风侧先行，引起相互影响，造成污染。

③不注意个人保护，如不穿长袖衣、长裤、胶靴，赤足露背喷药；配药、拌种时不戴橡胶手套、防毒口罩和护镜等。

④喷雾器漏药，或在发生故障时徒手修理，甚至用嘴吹堵在喷头里的杂物，造成农药污染皮肤或经口腔进入人体内。

⑤连续喷药时间过长，经皮肤和呼吸道进入的药量过多，或在施药后不久在田内劳动。

⑥喷药后未洗手、洗脸就吃东西、喝水、吸烟等。

⑦施药人员不符合要求。

⑧在科研、生产、运输和销售过程中因意外事故或防护不严污染严重而发生中毒。

（2）在日常生活中接触农药而发生的中毒叫非生产性中毒，造成非生产性中毒的主要原因如下。

①乱用农药，如高毒农药灭虱、灭蚊、治癣或其他皮肤病等。

②保管不善，把农药与粮食混放，吃了被农药污染的粮食而中毒。

③用农药包装品装食物或用农药空瓶装油、装酒等。

④食用近期施药的瓜果、蔬菜。拌过农药的种子或农药毒死的畜禽、鱼虾等。

⑤施药后田水泄漏或清洗药械污染了饮用水源。

⑥有意投毒或因寻短见服农药自杀等。

⑦意外接触农药中毒。

2. 影响农药中毒的相关因素

（1）农药品种及毒性农药的毒性越大，造成中毒的可能性就越大。

（2）气温越高，中毒人数越集中。有90%左右的中毒患者发生在气温30℃以上的7—8月。

（3）农药剂型乳油发生中毒较多，粉剂中毒少见，颗粒剂、缓释剂较为安全。

（4）施药方式以撒毒土、泼浇较为安全，喷雾发生中毒较多。经对施药人员小腿、手掌处农药污染量测定，证实了撒毒土为最少，泼浇为其10倍，喷雾为其150倍。

3. 农药进入人体引起中毒的途径

（1）经皮肤进入人体这类中毒是由于农药沾染皮肤进到人体内造成的。很多农药溶解在有机溶剂和脂肪中，如一些有机磷农药都可以通过皮肤进入人体内。特别是天热，气温高、皮肤汗水多，血液循环快，容易吸收。皮肤有损伤时，农药更易进入。大量出汗也能促进农药吸收。

（2）经呼吸道进入人体粉剂、熏蒸剂和容易挥发的农药，可以从鼻孔吸入引起中毒。喷雾时的细小雾滴，悬浮于空气中，也很易被吸入。在从呼吸道吸的空气中，要特别注意无臭、无味、无刺激性的药剂，这类药剂要比有特殊臭味和刺激性的药剂中毒的可能性大。因为它容易被人们所忽视，在不知不觉中大量吸入体内。

（3）经消化道进入人体各种化学农药都能从消化道进入人体而引起中毒。多见于误服农药或误食被农药污染的食物。经口中毒，农药剂量一般不大，不易彻底消除，所以中毒也较严重，危险性也较大。

二、农药中毒的急救治疗

（一）正确诊断农药中毒情况

农药中毒的诊断必须根据以下几点。

（1）中毒现场。调查询问农药接触史，中毒者如清醒则要口述农药接触的过程、农药种类、接触方式，如误服、误用、不遵守操作规程等。如严重中毒不能自述者，则需通过周围人及家属了解中毒的过程和细节。

（2）临床表现。结合各种农药中毒相应的临床表现，观察其发病时间、病情发展以及一些典型症状体征。

（3）鉴别诊断。排除一些常易混淆的疾病，如施药季节常见的中暑、传染病、多发病。

（4）化验室资料。有化验条件的地方，可以参考化验室检查资料，如患者的呕吐物，洗胃抽出物的物理性状以及排泄物和血液等生物材料方面的检查。

（二）现场急救

（1）立即使患者脱离毒物，转移至空气新鲜处，松开衣领，使呼吸畅通，必要时吸氧和进行人工呼吸。

（2）皮肤和眼睛被污染后，要用大量清水冲洗。

（3）误服毒物后须饮水催吐（吞食腐蚀性毒物后不能催吐）。

（4）心脏停跳时进行胸外心脏按摩。患者有惊厥、昏迷、呼吸困难、呕吐等情况时，在护送去医院前，除检查、诊断外，应给予必要的处理，如取出假牙将舌引向前方，保持呼吸畅通，使仰卧，头后倾，以免吞入呕吐物，以及一些对症治疗的措施。

（5）处理其他问题。尽快给患者脱下被农药污染的衣服和鞋袜，然后把污物冲洗掉。在缺水的地方，必须将污物擦干净，再去医院治疗。

现场急救的目的是避免继续与毒物接触，维持病人生命，将重症病人转送到邻近的医院治疗。

（三）中毒后的救治措施

（1）用微温的肥皂水或清水清洗被污染的皮肤、头发、指甲、耳、鼻等，眼部污染者可用小壶或注射器盛2%小苏打水、生理盐水或清水冲洗。

（2）对经口中毒者，要及时、彻底催吐、洗胃、导泻。但神志恍惚或明显抑制者不宜催吐。补液、利尿以排毒。

（3）呼吸衰竭者就地给以呼吸中枢兴奋剂，如洛贝林等，同时给氧气吸入。

呼吸停止者应及时进行人工呼吸，首先考虑应用口对口人工呼吸，有条件准备气管插管，给以人工辅助呼吸。同时，可针刺人中、十宣、涌泉等穴，并给以呼吸兴奋剂。

对呼吸衰竭和呼吸停止者都要及时清除呼吸道分泌物，以保持呼吸道通畅。

（4）循环衰竭者如表现血压下降，可用升压静脉注射，如多巴胺等，并给以快速的液体补充。

（5）心脏功能不全时，可以给咖啡因等强心剂。心跳停止时用心前区叩击术和胸外心脏按压术，经呼吸道近心端静脉或心脏内直接注射新三联针（肾上腺素、阿托品各1毫克，利多卡因50毫克）。

（6）惊厥病人给以适当的镇静剂。

（7）解毒药的应用。为了促进毒物转变为无毒或毒性较小物质，或阻断毒作用的环节，凡有特效解毒药可用者，应及时正确地应用相应的解毒药物。如有机磷中毒则给以胆碱酯酶复能剂（如氯磷定或解磷定等）和阿托品等抗胆碱药。

（四）对症治疗

根据医生的处置，服用或注射药物来消除中毒产生的症状。

第六章 绿色防控

农作物病虫害绿色防控是指以确保农业生产、农产品质量和农业生态环境安全为目标，以减少化学农药使用为目的，优先采取生态控制、生物防治和物理防治等环境友好型技术措施控制农作物病虫为害的行为。

第一节 杀虫灯使用技术

杀虫灯是利用昆虫对不同波长、波段光的趋性进行诱杀，有效压低虫口基数，控制害虫种群数量，是重要的物理诱控技术。目前主要有太阳能频振式杀虫灯和普通用电的频振式杀虫灯两大类。可在水稻、蔬菜、茶叶和柑橘等作物上应用，杀虫谱广，作用较大。对大部分鳞翅目、鞘翅目和同翅目害虫诱杀作用强。

杀虫灯使用时间，普通频振式杀虫灯每年4—11月在害虫发生为害高峰期开灯，每天傍晚至次日凌晨开灯。太阳能杀虫灯安装后不需要人工管理，每天自动开关诱杀害虫。一般每50亩安装1盏灯。

一、杀虫灯在蔬菜上的应用

（一）控制面积

普通用电的频振式杀虫灯两灯间距120～160米，单灯控制面积 20~30 亩（图 6-1）；太阳能杀虫灯两灯间距 150~200 米，单灯控制面积 30~50 亩。

图 6-1　普通用电频振式杀虫灯在蔬菜地的应用

（二）挂灯高度

普通用电的频振式杀虫灯接虫口距地面 80~120 厘米（叶菜类），或 130~160 厘米（棚架蔬菜）；太阳能杀虫灯接虫口距地面 100~150 厘米。

（三）开灯时间

挂灯时间为 4 月底至 10 月底，开灯时间以 19 时至 24 时（东部地区）、20 时至次日 2 时（中部地区）、21 时至次日 4 时（西部地区）为宜。

二、杀虫灯在水稻上的应用

（一）控制面积

一般每 30~50 亩稻田安装杀虫灯一盏，灯距 180~200 米，在田间按照棋盘式、井字形或之字形布局。

（二）挂灯高度

杀虫灯底部（袋口）距地面 1.2 米，地势低洼地可提高到距地面 1.5 米左右。

（三）开灯时间

早稻、中稻分别在 4、5 月份开始挂灯，收割后收灯。发蛾高峰期前 5 天开灯，开灯时间以 20 时至次日 6 时为宜（图 6-2）。

图 6-2　杀虫灯在水稻田的应用

三、杀虫灯在果园的应用

（一）控制面积

普通用电的频振式杀虫灯两灯间距 160 米，单灯控制面积 30 亩；太阳能杀虫灯两灯间距 300 米，单灯控制面积 60 亩（图 6-3）。

（二）挂灯高度

树龄 4 年以下的果园，挂灯高度以 160~200 厘米为宜；树龄 4 年以上、树高超过 200 厘米的果园，挂灯高度为树冠上 50

图6-3　太阳能杀虫灯在果园的应用

厘米左右处。

（三）开灯时间

挂灯时间为4月底至10月底，开灯时间以19时至24时为宜。

第二节　诱虫板使用技术

色板诱杀技术是利用某些害虫成虫对黄色或蓝色敏感，具有强烈趋性的特性，将专用胶剂制成的黄色、蓝色胶粘害虫诱捕器（简称黄板、蓝板）悬挂在田间，进行物理诱杀害虫的技术（图6-4）。

诱虫种类为：黄板主要诱杀有翅蚜、粉虱、叶蝉、斑潜蝇等害虫；蓝板主要诱杀种蝇、蓟马等害虫。

挂板时间为：在苗期和定植期使用，期间要不间断使用。

图 6-4 诱虫板在蔬菜大棚的应用

悬挂方法为：温室内悬挂时用铁丝或绳子穿过诱虫板的悬挂孔，将诱虫板两端拉紧，垂直悬挂在温室上部，露地悬挂时用木棍或竹片固定在诱虫板两侧，插入地下固定好。

悬挂位置为：矮生蔬菜，将粘虫板悬挂于作物上部，保持悬挂高度距离作物上部 0~5 厘米为宜；棚架蔬菜，将诱虫板垂直挂在两行中间，高度保持在植株中部为宜。

悬挂密度为：在温室或露地每亩可悬挂 3~5 片，用以监测虫口密度；当诱虫板上诱虫量增加时，悬挂密度为：黄色诱虫板规格为 25 厘米×30 厘米的 30 片/亩，规格为 25 厘米×20 厘米的 40 片/亩。同时可视情况增加诱虫板数量。

后期管理：当诱虫板上黏着的害虫数量较多时，及时将诱虫板上黏着的虫体清除，以重复使用。

昆虫性信息素，也叫性外激素，是昆虫在交配过程中释放到体外，以引诱同种异性昆虫去交配的化学通讯物质。在生产上应用人工合成的昆虫性信息素一般叫性引诱剂，简称性诱剂。用性诱剂防治害虫高效、无毒、没有污染，是一种无公害治虫技术（图 6-5、图 6-6）。

图 6-5　黏胶诱捕器

诱芯选择种类有：水稻上主要有水稻二化螟、三化螟、稻纵卷叶螟等性诱剂；蔬菜上主要有斜纹夜蛾、甜菜夜蛾、小菜蛾、瓜实蝇、烟青虫、棉铃虫、豆荚螟等性诱剂。应根据作物和害虫发生种类正确选择使用。

使用时间为：根据诱杀害虫发生的时间来确定和调整性诱剂安装使用的时间。总的原则是在害虫发生早期，虫口密度较低时开始使用效果好，可以真正起到控前压后的作用，而且应连续使用。每根诱芯一般可使用 30 ~ 40 天。

诱捕器安放高度：诱捕器可挂在竹竿或木棍上，固定牢，高度应根据防治对象和作物进行适当调整，太高、太低都会影响诱杀的效果，一般斜纹夜蛾、甜菜夜蛾等体型较大的害虫专用诱捕器底部距离作物（露地甘蓝、花菜等）顶部 20 ~ 30 厘米，小菜蛾诱捕器底部应距离作物顶部 10 厘米左右。同时，挂置地点以上风口处为宜。

诱捕器安放密度：诱捕器的设置密度要根据害虫种类、虫口基数、使用成本和使用方法等因素综合考虑。一般针对螟虫、斜纹夜蛾、甜菜夜蛾，每亩设置 1 个诱捕器、每个诱捕器 1 个诱芯（图6-7）；针对小菜蛾，每亩设置3个诱捕器，每个诱捕器1个诱芯。

图6-6 蛾类通用诱捕器

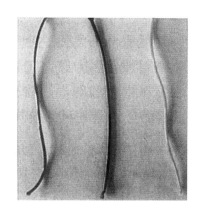

图6-7 诱捕器的诱芯

第三节 食诱剂使用技术

食诱剂技术是通过系统研究昆虫的取食习性，深入了解化学识别过程，并人为提供取食引诱剂和取食刺激剂，添加少量杀虫剂以诱捕害虫的技术。

天敌昆虫主要有两种，一种是捕食性天敌，一种是寄生性天敌。捕食性天敌种类很多，最常见的有蜻蜓、螳螂、猎蝽、刺蝽、花蝽、草蛉、瓢虫、步行虫、食虫虻、食蚜蝇、胡蜂、泥蜂、蜘蛛以及捕食螨类等。这些天敌一般捕食虫量大，在其生长发育过程中，必须取食几头、几十头甚至数千头的虫体后，才能完成它们的生长发育。

寄生性天敌是寄生于害虫体内，以害虫体液或内部器官为食，致使害虫死亡，最重要的种类是寄生蜂和寄生蝇类。

主要参考文献

段培奎，左振朋 . 2014. 农作物病虫害防治员 ［M］. 北京：中国农业出版社.

李源，丁和明，淡振荣 . 2015. 农作物病虫害专业化防治员 ［M］. 北京：中国农业科学技术出版社.

刘惠全，封永顺，郑艳荣 . 2017. 农作物栽培技术与病虫害防治 ［M］. 呼和浩特：内蒙古人民出版社.

马辉，张贵峰 . 2013. 农作物病虫害防治员培训读本 ［M］. 沈阳：辽宁科学技术出版社.

吴逸群，许秀，魏睿 . 2017. 常见农作物病虫害防治技术 ［M］. 北京：科学出版社.

许雪莉，蔡爱萍 . 2017. 农作物病虫害防治员 ［M］. 天津：天津科学技术出版社.